"十四五"时期国家重点出版物出版专项规划项目

国家重点研发计划"固废资源化"重点专项支持

固废资源化技术丛书

超大城市生活垃圾分类处理技术与管理模式

刘建国　李　欢　徐期勇　等 著
　　　　周颖君　吴　浩

科学出版社

龙门书局

北　京

内 容 简 介

本书以深圳为例,分析超大城市生活垃圾物质流动和代谢途径优化重整方案,以"源头分类、全程减量、梯级利用、安全处置、智慧监管"为主线,提出适应城市精细化管理、环境高标准保护、经济高质量发展要求的超大城市生活垃圾分类处理技术与管理模式,介绍在源头精准分类减量、分质收运减量提质、再生资源规范回收、有机垃圾协同转化、清洁焚烧效能提升、剩余残渣安全处置等方面的链接性、匹配性和增效性关键技术,以及相应的物联网监控系统和大数据管理平台。

本书既可以为国内外开展垃圾分类工作的政府管理部门、相关企事业单位以及工程技术人员提供科学参考,又可为广大群众、各类社会组织积极参与垃圾分类工作提供借鉴。

图书在版编目(CIP)数据

超大城市生活垃圾分类处理技术与管理模式 / 刘建国等著. -- 北京 : 龙门书局, 2024. 12. -- (固废资源化技术丛书). -- ISBN 978-7-5088-6467-9

Ⅰ. X799.305

中国国家版本馆 CIP 数据核字第 2024N0E216 号

责任编辑:杨 震 杨新改 李 洁 / 责任校对:杜子昂
责任印制:徐晓晨 / 封面设计:东方人华

科 学 出 版 社
龙 门 书 局 出版
北京东黄城根北街 16 号
邮政编码:100717
http://www.sciencep.com

北京中科印刷有限公司印刷
科学出版社发行 各地新华书店经销
＊

2024 年 12 月第 一 版 开本:720×1000 1/16
2024 年 12 月第 一 次印刷 印张:14 1/2
字数:300 000
定价:108.00 元
(如有印装质量问题,我社负责调换)

"固废资源化技术丛书"编委会

丛书序一

深入推进固废资源化、大力发展循环经济已经成为支撑社会经济绿色转型发展、战略资源可持续供给和"双碳"目标实现的重要途径，是解决我国资源环境生态问题的基础之策，也是一项利国利民、功在千秋的伟大事业。党和政府历来高度重视固废循环利用与污染控制工作，习近平总书记多次就发展循环经济、推进固废处置利用做出重要批示；《2030 年前碳达峰行动方案》明确深入开展"循环经济助力降碳行动"，要求加强大宗固废综合利用、健全资源循环利用体系、大力推进生活垃圾减量化资源化；党的二十大报告指出"实施全面节约战略，推进各类资源节约集约利用，加快构建废弃物循环利用体系"。

回顾二十多年来我国循环经济的快速发展，总体水平和产业规模已取得长足进步，如：2020 年主要资源产出率比 2015 年提高了约 26%、大宗固废综合利用率达 56%、农作物秸秆综合利用率达 86%以上；再生资源利用能力显著增强，再生有色金属占国内 10 种有色金属总产量的 23.5%；资源循环利用产业产值达到 3 万亿元/年等，已初步形成以政府引导、市场主导、科技支撑、社会参与为运行机制的特色发展之路。尤其是在科学技术部、国家自然科学基金委员会等长期支持下，我国先后部署了"废物资源化科技工程"、国家重点研发计划"固废资源化"重点专项以及若干基础研究方向任务，有力提升了我国固废资源化领域的基础理论水平与关键技术装备能力，对固废源头减量—智能分选—高效转化—清洁利用—精深加工—精准管控等全链条创新发展发挥了重要支撑作用。

随着全球绿色低碳发展浪潮深入推进，以欧盟、日本为代表的发达国家和地区已开始部署新一轮循环经济行动计划，拟通过数字、生物、能源、材料等前沿技术深度融合以及知识产权与标准体系重构，以保持其全球绿色竞争力。为了更好发挥"固废资源化"重点专项成果的引领和应用效能，持续赋能循环经济高质量发展和高水平创新人才培养等方面工作，科学出版社依托该专项组织策划了"固废资源化技术丛书"，来自中国科学院过程工程研究所、五矿集团、矿冶科技集团有限公司、同济大学、北京工业大学等单位的行业专家、重点专项项目及课题负责人参加了丛书的编撰工作。丛书将深刻把握循环经济领域国内外学术前沿动态，系统提炼"固废资源化"重点专项研发成果，充分展示和深入分析典型无机固废源头减量与综合利用、有机固废高效转化与安全处置、多元复合固废智能拆解与清洁再生等方面的基础理论、关键技术、核心装备的最新进展和示范应用，以期让相关领域广大科研工作者、企业家群体、政府及行业管理部门更好地了解固废资源化科技进步和产业应用情况，为他们开展更高水平的科技创新、工程应用和管理工作提供更多有益的借鉴和参考。

中国工程院院士

2023 年 2 月

丛 书 序 二

我国处于绿色低碳循环发展关键转型时期。化工、冶金、能源等行业仍将长期占据我国工业主体地位，但其生产过程产生数十亿吨级的固体废物，造成的资源、环境、生态问题十分突出，是国家生态文明建设关注的重大问题。同时，社会消费环节每年产生的废旧物质快速增加，这些废旧物质蕴含着宝贵的可回收资源，其循环利用更是国家重大需求。固废资源化通过再次加工处理，将固体废物转变为可以再次利用的二次资源或再生产品，不但可以解决固体废物环境污染问题，而且实现宝贵资源的循环利用，对于保证我国环境安全、资源安全非常重要。

固废资源化的关键是科技创新。"十三五"期间，科学技术部启动了"固废资源化"重点专项，从化工冶金清洁生产、工业固废增值利用、城市矿产高质循环、综合解决集成示范等全链条、多层面、系统化加强了相关研发部署。经过三年攻关，取得了一系列基础理论、关键技术和工程转化的重要成果，生态和经济效益显著，产生了巨大的社会影响。依托"固废资源化"重点专项，科学出版社组织策划了"固废资源化技术丛书"，来自中国科学院过程工程研究所、中国地质大学（北京）、中国矿业大学（北京）、中南大学、东北大学、矿冶科技集团有限公司、军事科学院国防科技创新研究院等很多单位的重点专项项目负责人都参加了丛书的编撰工作，他们都是固废资源化各领域的领军人才。丛书对固废资源化利用的前沿发展以及关键技术进行了阐述，介绍了一系列创新性强、智能化程度高、工程应用广泛的科技成果，反映了当前固废资源化的最新科研成果和生产技术水平，有助于读者了解最新的固废资源化利用相关理论、技术和装备，对学术研究和工程化实施均有指导意义。

我带领团队从 1990 年开始，在国内率先开展了清洁生产与循环经济领域的技术创新工作，到现在已经 30 余年，取得了一定的创新性成果。要特别感谢科学技术部、国家自然科学基金委员会、中国科学院等的国家项目的支持，以及社会、企业等各方面的大力支持。在这个过程中，团队培养、涌现了一批优秀的中青年骨干。丛书的主编李会泉研究员在我团队学习、工作多年，是我们团队的学术带头人，他提出的固废矿相温和重构与高质利用学术思想及关键技术已经得到了重要工程应用，一定会把这套丛书的组织编写工作做好。

固废资源化利国利民，技术创新永无止境。希望参加这套丛书编撰的专家、学者能够潜心治学、不断创新，将理论研究和工程应用紧密结合，奉献出精品工程，为我国固废资源化科技事业做出贡献；更希望在这个过程中培养一批年轻人，让他们多挑重担，在工作中快速成长，早日成为栋梁之材。

　　感谢大家的长期支持。

中国工程院院士

2022 年 12 月

丛书前言

深入推进固废资源化已成为大力发展循环经济，建立健全绿色低碳循环发展经济体系的重要抓手。党的二十大报告指出"实施全面节约战略，推进各类资源节约集约利用，加快构建废弃物循环利用体系"。我国固体废物增量和存量常年位居世界首位，成分复杂且有害介质多，长期堆存和粗放利用极易造成严重的水-土-气复合污染，经济和环境负担沉重，生态与健康风险显现。而另一方面，固体废物又蕴含着丰富的可回收物质，如不加以合理利用，将直接造成大量有价资源、能源的严重浪费。

通过固废资源化，将各类固体废物中高品位的钢铁与铜、铝、金、银等有色金属，以及橡胶、尼龙、塑料等高分子材料和生物质资源加以合理利用，不仅有利于解决固体废物的污染问题，也可成为有效缓解我国战略资源短缺的重要突破口。与此同时，由于再生资源的替代作用，还能有效降低原生资源开采引发的生态破坏与环境污染问题，具有显著的节能减排效应，成为减污降碳协同增效的重要途径。由此可见，固废资源化对构建覆盖全社会的资源循环利用体系，系统解决我国固废污染问题、破解资源环境约束和推动产业绿色低碳转型具有重大的战略意义和现实价值。随着新时期绿色低碳、高质量发展目标对固废资源化提出更高要求，科技创新越发成为其进一步提质增效的核心驱动力。加快固废资源化科技创新和应用推广，就是要通过科技的力量"化腐朽为神奇"，将"绿水青山就是金山银山"的理念落到实处，协同推进降碳、减污、扩绿、增长。

"十三五"期间，科学技术部启动了国家重点研发计划"固废资源化"重点专项，该专项紧密面向解决固体废物重大环境问题、缓解重大战略资源紧缺、提升循环利用产业装备水平、支撑国家重大工程建设等方面战略需求，聚焦工业固废、生活垃圾、再生资源三大类典型固废，从源头减量、循环利用、协同处置、精准管控、集成示范等方面部署研发任务，通过全链条科技创新与全景式任务布局，引领我国固废资源化科技支撑能力的全面升级。自专项启动以来，已在工业固废建工建材利用与安全处置、生活垃圾收集转运与高效处理、废旧复合器件智能拆解高值利用等方面取得了一批重大关键技术突破，部分成果达到同领域国际先进水平，初步形成了以固废资源化为核心的技术装备创新体系，支撑了近20亿吨工业固废、城市矿产等重点品种固体废物循环利用，再生有色金属占比达到30%，为破解固废污染问题、缓解战略资源紧缺和促进重点区域与行业绿色低碳发展发挥了重要作用。

　　本丛书将紧密结合"固废资源化"重点专项最新科技成果，集合工业固废、城市矿产、危险废物等领域的前沿基础理论、创新技术、产品案例和工程实践，旨在解决工业固废综合利用、城市矿产高值再生、危险废物安全处置等系列固废处理重大难题，促进固废资源化科技成果的转化应用，支撑固废资源化行业知识普及和人才培养。并以此为契机，期寄固废资源化科技事业能够在各位同仁的共同努力下，持续产出更加丰硕的研发和应用成果，为深入推动循环经济升级发展、协同推进减污降碳和实现"双碳"目标贡献更多的智慧和力量。

李会泉　何发钰　戴晓虎　吴玉锋

2023 年 2 月

前　　言

　　超大城市经济发达、人口密集、土地稀缺，依赖混合收运和末端处置的传统模式不能适应快速增长的垃圾处理需求，垃圾资源能源回收效率低，二次污染环境负荷高，难以满足城市可持续发展的要求。深圳市是国家可持续发展议程创新示范区，也是中国特色社会主义先行示范区，亟待突破生活垃圾混合收运处理模式带来的桎梏，建立基于分类的生活垃圾新型管理体系，在提升设施效能的基础上进一步实现全链条的集成优化，在单项技术突破的基础上进一步构建从技术、工程到管理的系统化解决方案，从而为我国生活垃圾管理转型提供示范。

　　面向深圳市生活垃圾分类处理系统升级重构的重大需求，由我担任首席科学家，由清华大学深圳国际研究生院、北京大学深圳研究生院、南方科技大学、深圳能源环保股份有限公司、深圳龙澄高科技环保股份有限公司、深圳中环博宏环境技术有限公司、深圳市利赛环保科技有限公司、深圳市盘龙环境技术有限公司、深圳市华威环保建材有限公司、华中科技大学等单位承担的国家重点研发计划"固废资源化"重点专项"基于分类的深圳市生活垃圾集约化处置全链条技术集成与综合示范"在多方支持下顺利实施。该项目对生活垃圾物质流动和代谢途径进行了优化重整，开发了链接性、匹配性和增效性的关键技术，有机连通了分类垃圾物质流，提高了生活垃圾处理全系统效能，加强了全链条风险管控，形成了"源头精准分类减量—分质收运减量提质—再生资源规范回收—有机垃圾协同转化—清洁焚烧效能提升—剩余残渣安全处置"的生活垃圾全链条集约化处置系统化方案，同时构建了涵盖全口径、全系统、全链条的物联网监控系统和大数据管理平台，建立了相应的法规标准与商业化运行模式，建成了引领全国生活垃圾分类处理的综合示范工程。上述研究成果在深圳市生活垃圾分类体系的建设和完善过程中发挥了不可替代的科技支撑作用。从 2018 年起，深圳市生活垃圾分类、分流量大幅增长，2022 年的回收利用率已经接近 50%，单位碳排放量下降到 0.22 t CO_2 eq/t，各类污染物排放大幅减少，实现了显著的综合环境绩效。

　　本书基于项目成果，以"源头分类、全程减量、梯级利用、安全处置、智慧监管"为主线，涵盖六方面内容：①生活垃圾特性解析及选择性精准分类体系构建；②生活垃圾分质收运和减量提质系统优化与示范；③有机垃圾和再生资源利用园区循环化改造研究与示范；④生活垃圾焚烧效能提升及污染物控制关键技术研究与示范；⑤生活垃圾分类处理智慧监管平台及评估考核体系构建与示范；

⑥生活垃圾集约化处置全链条技术集成及综合示范。这六方面分别对应本书的第2～7章。刘建国、魏军晓、周可人等撰写了第1章和第7章，李欢、张蕾、黄家庆、殷铭等撰写了第2章，黎莉、陆晓春、高岚、张涉、苗雨等撰写了第3章，徐期勇、陈钦东、王前、王宁、袁土贵、张超、邓舟、彭冲、刘锦伦、孙立兵、肖进文、刘剑真、杨鲁昕等撰写了第4章，吴浩、钟日钢、黄俊宾、刘小娟、张作泰、唐圆圆、颜枫、汪远昊、杨国栋、蔡建军、关宇等撰写了第5章，周颖君、孙国芬、杜昕睿、邱向阳、钱萌、杨丽等撰写了第6章，刘建国撰写了第8章，全书由刘建国、李欢、徐期勇、周颖君、吴浩等统稿。

在本书撰写过程中，由于时间紧、内容多，难免存在疏漏之处，恳请各位读者不吝指出，以供作者进一步完善本书内容。

刘建国

2024 年 10 月

目 录

第1章

超大城市垃圾分类处理体系构建需求分析

近年来，我国城市生活垃圾清运量增速迅猛，但终端处理能力不足问题愈发凸显，由此引发了一系列环境问题和社会矛盾。这一现状倒逼许多城市在"垃圾围城"的困境下推行垃圾分类政策。垃圾分类是将垃圾分门别类地投放，并通过分类清运和回收使之重新变成资源的过程。因此，垃圾分类是一个包括前端分类投放、中端收运和末端处理处置的一个系统工程。推行垃圾分类不仅能够进一步回收利用垃圾中的资源，提高回收利用率和资源化率，还可以有效地减少前端的清运量和末端的处理处置量。因此，推广垃圾分类收集具有紧迫性和必要性。

1.1 垃圾分类的重大意义与历史使命

1.1.1 垃圾分类的重大意义

（1）垃圾分类是"打造共建共治共享的社会治理格局"的必然要求

随着中国特色社会主义建设事业的不断进步，社会的主要矛盾也在不断发生变化，社会建设与治理的理念也在与时俱进和不断升华。党的十七大之前一直沿用"管理"，到十八届三中全会开始使用"治理"，再到党的十九大正式提出"打造共建共治共享的社会治理格局"，就是对社会主要矛盾的有效应答，也是对社会全面进步的科学引导。垃圾分类是一项牵一发而动全身的社会治理工作，离不开政府、居民、企业、社会组织等多元主体的共同参与。只有多元主体共同参与垃圾分类，才能充分促进政府、居民、企业、社会组织等利益相关方自我及相互管理、服务、教育、监督，形成垃圾分类人人参与、人人尽责的良好局面，让人民群众有实实在在的获得感、幸福感、安全感。

（2）垃圾分类是经济高质量发展的必然要求

我国以速度和数量取胜的产业在全球产业链、价值链中的分工地位总体上处在中低端，亟待打破"锁定"，实现产业链、价值链升级。与此同时，我国社会消费需求已经从满足数量型转向追求质量型，但供给结构仍然重视量的扩张而忽视质的提高，一方面相当一部分中低端产能严重过剩，另一方面不少高品质消费需求得不到满足。垃圾是生产和消费的末端产物，粗放式、碎片化、被动式的垃圾管理在一定程度上助长了"大量生产，大量消费，大量废弃"成为主流的经济增长模式，而垃圾分类是对垃圾的精细化、全过程、主动式管理，会从末端对上游的生产和消费环节产生倒逼重整作用，促进相关法律、法规、制度、规范的逐步完善，引导绿色生产、绿色生活，实现产业结构优化和转型升级，从而促进经济高质量发展。

（3）垃圾分类是环境质量全面改善的必然要求

我国生态环境保护处于压力叠加、负重前行的关键期、攻坚期、窗口期，需要不同部门、不同行业、不同区域通力协作，形成强大合力。过去我国生态环境保护成效不彰，其中一个主要原因就是片面强调某个环节、某类介质、某种形态的污染减排，而忽略了生态环境是一个有机的整体，污染控制是一个完整的链条，从而使污染物在不同处理环节、不同环境介质、不同存在形态之间循环往复式地迁移与转化，污染减排变成了污染转移、延伸与扩散。垃圾分类就是通过政府协调、部门协作、行业协同，对垃圾实行全生命周期无缝管理，对处理过程开展全链条优化设计，构建从清洁生产、源头减量，到产品循环使用、物质再生利用、产业生态链接，再到能量回收利用和少量残渣安全处置的"无废"系统，避免"铁路警察，各管一段"，或"头痛医头，脚痛医脚"，切实有效地节约原生资源，真正减少污染物的产生与排放，保护人体健康和生态环境，对环境质量全面改善做出实质性贡献。

（4）垃圾分类是化解"邻避效应"的必然要求

我国生活垃圾处理成就巨大，与经济社会的高速发展保持了高度的同步。2018年，我国城市生活垃圾无害化处理率达到了98.2%，卫生填埋和焚烧发电并举的技术格局基本形成，可为垃圾分类提供基本的硬件保障，而这样现代化、多元化的基本硬件保障2000年在我国开始试点推行垃圾分类时是完全不存在的。城市生活垃圾在我国各类固体废物管理中独占鳌头，在发展中国家一枝独秀，但与人民群众不断增长的环境卫生和环境质量需求相比，还存在较大的差距，依然是环保投诉的重点领域和"邻避效应"的高发领域。究其原因，在自上而下的单向线性"管理"理念主导下，长期以来垃圾处理由政府及处理企业"唱独角戏"，被动满足不断"高速增长"的末端处理能力需求，而人民群众、社会组织、生产企业未能充分参与其中，对垃圾问题相对"无感"，认为垃圾处理与自己无关，干好干坏都是政府的事，缺乏减量和分类的驱动力，也缺乏参与监督的正当性。只有人民群众、社会组织、生产企业充分参与到垃圾分类工作中，才能化"旁观者"为"建设者"、化"批评者"为"监督者"，进而提高垃圾处理系统效率和二次污染控制水平，建立政府与民众、企业与民众之间的互信，形成多元主体共建共治共享格局，为化解垃圾处理设施的"邻避效应"找到一把钥匙。

1.1.2　垃圾分类的历史使命

（1）以垃圾分类为载体，以习惯养成为目标，提升个人文明水平

垃圾分类是个人文明的培养基。个人文明不是空洞的说教，而是具体的实践。节约资源，保护环境，人人有责，也需要人人尽责。对个人而言，不管有多么高远宏大的环保理念，都可以从举手之劳的垃圾分类开始践行。作为现代社会公民，如果连垃圾分类这点小事都不肯做或做不到，空谈环保理念、抱怨环境污染又有什么意义呢？反之，如果连垃圾分类这种琐事都能一丝不苟坚持不懈地做好，那么还有什么事情是做不好的呢？提升公民素养和个人文明离不开教育。叶圣陶先生说过，"教育是什么？往简单方面说，只有一句话，就是养成良好的习惯"。垃圾分类就是居民履行环境责任、践行环保理念、培养良好习惯的有效载体，本身就是公民教育、法治教育、文明教育的重要方式。当前，我国部分垃圾分类先行城市已经基本具备了垃圾分类处理能力，前端居民分类投放参与率低、准确性差已经成为制约后端分类处理设施稳定运行发挥效益的主要矛盾，在这种情况下，强调居民切实履行源头分类投放责任，进而养成良好习惯，提升个人文明水平，具有重要的现实意义。从国际国内经验来看，一切脱离居民的源头分类投放责任来推动垃圾分类的行为只能是"为分类而分类""假装在分类"，都有悖于垃圾分类的"初心"，实际上不可能持续。只有真正将居民的源头分类投放责任落到实处，让更多居民在亲力亲为参与垃圾分类中，将分类的意识转化为自觉的行动，才能真正提升个人文明水平，才能形成垃圾分类的长效机制。

（2）以垃圾分类为载体，以精细管理为目标，提升社会文明水平

垃圾分类是社会文明的试金石。垃圾分类工作汇聚千家万户，涉及诸多部门，包含诸多环节，关乎民生公益，考验城乡精细化管理水平，也是城乡精细化管理的重要抓手。纵观世界各国，垃圾分类推进力度和成效高低与各国经济发展水平和社会文明程度基本呈正相关关系，说明垃圾分类是经济发展和社会文明的产物，也是经济发展和社会文明的标志。我国已经到了全面建成小康社会决胜阶段，推行垃圾分类也是经济发展和社会文明进入新时代的要求。对政府而言，要做好居民垃圾源头分类投放工作，本质上就是做好群众工作，有助于密切党群关系、干群关系，也有助于营造亲密和谐的邻里关系。要构建环环相扣的分类投放、分类收集、分类运输、分类处理的完整链条，形成政府、居民、企业等利益相关者分工合作的责任体系；法治建设、制度建设、文化建设、设施建设齐头并进多管齐下，离不开法治保障和科学管理，离不开顶层设计和基层创新，也离不开部门协作和社会共治。推进垃圾分类，实际上就是推进城乡"法治""精治""共治"，就是促进美好环境与幸福生活共同缔造，提升社会文明水平。

（3）以垃圾分类为载体，以绿色发展为目标，提升生态文明水平

垃圾分类是生态文明的助推器。生态文明不会从天而降，也不能仅靠政府谋划、企业制造，更需要全民的广泛参与和不懈努力。垃圾分类是垃圾处理的一种先进理念和高级模式，有利于提升垃圾处理系统效能与二次污染控制水平，有利于垃圾的减量化、资源化、无害化处理，但其意义远不止于此。垃圾分类可以促进相关法律、法规、政策、制度、标准的逐步完善，通过转变发展模式与调整产业结构，通过厉行清洁生产与循环经济，将垃圾处理的重心前移，扭转目前"大量生产、大量消费、大量废弃"的局面，在生产过程和消费环节减少垃圾产生。居民通过持续参与垃圾分类，在"撤桶并点""定时定点投放"等管理措施带来的相对的不便利中，环保意识和环境责任得到不断强化，养成绿色生活、绿色消费的习惯，在源头减少垃圾的产生，真正养成垃圾分类的好习惯。只有越来越多的人养成了垃圾分类的好习惯，并将这种"素养"转化为绿色生活、绿色消费、绿色生产的自觉行动，垃圾分类才能由"盆景"变成"园林"，进而汇成"森林"，带来巨大的生态效益，带动绿色发展和可持续发展。

1.2　超大城市垃圾分类难点分析

2017年以来，我国生活垃圾分类工作遵循"以法治为基础，政府推动，全民参与，城乡统筹，因地制宜"的原则，着眼于"加强科学管理、形成长效机制、推动习惯养成"的目标，在法治建设、设施建设、制度建设、文化建设方面均取得了历史性进步，达到了阶段性目标。然而，对于"虹吸效应"明显、经济增长较快、垃圾产量较大的超大城市，如何在科学合理的经济社会成本条件下进一步巩固和提升分类成效仍面临着巨大挑战。目前，我国超大城市垃圾分类工作主要面临如下所述问题。

（1）相关部门、各级政府的协作机制尚不完善

生活垃圾分类相关工作由住房和城乡建设部牵头，涉及国家发展和改革委员会、生态环境部、农业农村部、商务部、工业和信息化部、教育部等多部门，但在某些环节仍然存在责任不清、协调不足等问题。住房和城乡建设部在推动垃圾分类工作中，可回收物分类回收需要与商务部、供销合作部门协调，有害垃圾分类处理需要与生态环境部协调，农村生活垃圾需要与农业农村部协调，包装废物减量等需要与工业和信息化部、国家邮政局等部门协调，垃圾收费政策的出台需要与国家发展和改革委员会、物价局协调，设施用地选址需要与自然资源部、规划部门协调，宣传教育工作开展需要与教育部、中共中央宣传部协调。垃圾分类先进城市在推行垃圾分类初期，大多采取成立工作推进指挥部、联席会议等机制，

由主管领导，或组织部门、纪检部门等牵头协调各相关部门职责，采用战时机制强力推动，较好地解决了部门协调的问题。例如，北京市成立垃圾分类工作推进指挥部，通过"日检查、周调度、月考核、季点评"，层层传导压力、落实部门责任。垃圾分类进入常态化新阶段后，指挥部机制仍然值得保留，但需探索常态化运作机制。

（2）厨余垃圾资源化利用链条尚未打通

厨余垃圾是我国生活垃圾的主要组分和高频品类，也是分类处理的焦点和难点问题。分类投放环节，"破袋"投放在"卫生"问题与"环保"效益孰轻孰重、投放是人工破袋还是处理前机械破袋、可降解塑料袋是否可行、二次分拣是否必要等多重持续争议中广泛推行。分类处理环节，技术路线尚不明确，处理设施仍存在短板，技术链条尚未打通。不管是从理论上来讲还是从实践上来看，厨余垃圾分类后只有通过先进的生物处理后得到安全土地利用，实现碳、氮等元素的生态循环，与焚烧发电相比才具有减污降碳协同增效优势。但是由于厨余垃圾自身品质相对较低、资源化产物土地利用相关标准的限制以及商业模式的缺乏，目前即使是现代化、规模化的厨余垃圾生物处理设施，除通过厌氧发酵回收部分沼气外，其余绝大部分产物仍然需要进入焚烧厂、填埋场处置或作为污水处理，投入产出严重不成比例，设施建设与运行的高昂成本也给政府带来较大的财政负担。即使是在北京、上海、广州、深圳这些政府财政能力相对较好的超大城市，在厨余垃圾处理方面依然存在能力短板，相当一部分分类后的厨余垃圾经过挤压脱水预处理后直接进入焚烧厂处置，还有一部分采取小型就地处理，部分设施能耗高、异味大、污染跨介质隐性转移等问题较为突出。目前国家层面尚未出台针对厨余垃圾处理的适用技术目录和技术政策，各地在选择厨余垃圾处理技术时存在一定的盲目性，新建的资源化项目难以正常稳定运行产生效益，反过来又影响了厨余垃圾资源化项目的建设进度。

（3）再生资源回收与垃圾分类收运"两网融合"推进困难

对标国际上垃圾分类先进国家，我国垃圾分类处理系统的突出短板并不在厨余垃圾处理方面，而是在可回收物（再生资源）回收方面。我国再生资源回收虽然量大面广，为我国生活垃圾减量与资源化利用做出了巨大贡献，但是在前端回收环节的技术与管理水平未能与我国经济社会的高速发展保持同步，落后于生活垃圾收运系统，在运营管理方面尚未实现规范化、现代化，在很大程度上制约了我国垃圾分类收运与处理系统技术进步与效益平衡。《中华人民共和国固体废物污染环境防治法》提出了"加强生活垃圾分类收运体系和再生资源回收体系在规划、建设、运营等方面的融合"等要求，《关于进一步推进生活垃圾分类工作的若干意见》则进一步明确提出了"推动再生资源回收利用行业转型升级，统筹生活垃圾分类网点和废旧物品交投网点建设，规划建设一批集中分拣中心和集散场地，推进城市生活垃圾中低值可回收物的回收和再生利用"的要求。46个重点城市普遍推行垃圾分类制度以后，在回收数据统计、回收设施规划管理方面取得了一定进步，事实上各个城市生活垃圾回收利用率目标的完成也在很大程度上归功于再生资源回收系统的贡献。尽管如此，各地废纸、塑料瓶、易拉罐等高附加值可回收物回收仍然主要依赖"利益驱动"的废品交易与活跃在垃圾桶站边的分拣及"拾荒"人员，来源去向游离于监管之外，失衡的利益格局短时间内难以打破，"散乱污"问题及安全隐患仍然存在。可回收物分拣加工、集散中转设施用地缺乏保障，选址建设困难多、周期长，企业大多只能临时租用场地，从而不肯或不敢投入资金来提升技术与管理水平。废塑料、废玻璃、废织物等低附加值可回收物在没有政府补贴的情况下难以进入回收体系，即使在政府兜底或财政补贴下进入了回收体系，后端再生产品也缺乏可靠的、有市场竞争力的利用途径。

（4）垃圾收费制度和生产者责任延伸制度推进迟缓

我国现行法律法规与规范性文件中对垃圾收费和生产者责任延伸有原则性、导向性要求，但缺乏可行的实施细则和有力的保障措施。在垃圾分类推进建设中，收费属于较为敏感的民生话题，而且涉及较多部门职权，在法律没有提出明确的进度要求、国家没有出台具体的实施办法的情况下，各地对于定额收取、随水征收、计量征收、超量征收等方式都处于探索阶段，需要适时出台配套的实施办法与政策文件。同时，生活垃圾收费是地方事权，针对居民源的生活垃圾处理费是行政事业性收费，针对非居民源的生活垃圾处理费则属于经营性收费，地方政府出于对营商环境、居民意见等的考虑，推动进展相对缓慢。各地生活垃圾管理相关法规中都确认了垃圾收费制度，部分城市提出差异化收费、计量收费目标，但实施效果总体未达到预期，收缴率普遍偏低。在生产者责任延伸制度落实方面，2016年国务院办公厅印发《生产者责任延伸制度推行方案》，明确到2020年，生产者责任延伸制度相关政策体系初步形成，产品生态设计取得重大进展，重点品种的废弃产品规范回收与循环利用率平均达到40%。但由于未形成全过程管理机制，缺乏强制性制度措施，实际执行进度及实施成效远不如预期，废弃电子电器产品回收基金补贴亏空严重，《饮料纸基复合包装生产者责任延伸制度实施方案》在2020年底才得以发布。近年来，快递、外卖、电商等新兴产业包装废物大量产生，成为生活垃圾增量的主要组成部分，商品过度包装问题屡屡引起全社会的广泛关注，也亟待落实生产者责任延伸制度、押金回收制度等加以规范和约束。

（5）垃圾分类依然过于依赖行政力量强力推动

垃圾分类既是基层社会治理工作，又是城乡环境治理工作，兼具社会性与专业性、公益性与市场性，必须多元主体共同参与，社会各界协同投入。经过近两年的生活垃圾立法推行、宣传普及、定时定点、桶边督导和执法处罚，大部分居民已经能够较好地参与垃圾分类工作，但自觉自主遵守分类要求的意识还不强烈，距离习惯养成还有较大差距。大部分城市垃圾分类仍然高度依赖党政"一把手"高度重视下各级政府强有力的推动，行政成本和财政投入较高，边际效应递减迅速，可量化的分类成效基本已接近天花板。与此同时，社会组织和志愿者队伍仍然较为薄弱，独特的桥梁沟通和催化润滑作用尚未得到充分发挥。从上海、北京、广州、深圳等垃圾分类先进的超大城市推行情况以及有关专业机构的调查结果来看，机关单位、写字楼、高等学校、高档社区的分类状况反而不如普通居民社区，"知""行"割裂的问题值得重视。"垃圾分类进校园""垃圾分类进机关""垃圾分类从娃娃抓起"等尚未形成常态化、系列化推进的制度。

1.3　超大城市垃圾分类体系构建技术路径

以深圳为代表的我国南方新兴超大城市普遍面临"生活垃圾分类处理系统升级重构"的重大需求，针对生活垃圾物质流动和代谢途径优化重整这一重大科学问题，本书作者团队以"源头分类、全程减量、梯级利用、安全处置、智慧监管"为指导思想，面向全系统效能提升和全链条风险管控，在源头精准分类减量、分质收运减量提质、再生资源规范回收、有机垃圾协同转化、清洁焚烧效能提升、剩余残渣安全处置等方面突破链接性、匹配性和增效性关键技术，构建涵盖全口径、全系统、全链条的物联网监控系统和大数据管理平台，打造适应城市精细化管理、环境高标准保护、经济高质量发展要求的生活垃圾分类处理深圳模式，建成引领全国垃圾分类处理的综合示范工程。

拟解决的关键科学问题是生活垃圾物质流动和代谢途径的优化重整，具体表现在：生活垃圾特性解析及选择性精准分类体系构建；生活垃圾分质收运和减量提质系统优化与示范；有机垃圾和再生资源利用园区循环化改造研究与示范；生活垃圾焚烧效能提升及污染物控制关键技术研究与示范；生活垃圾分类处理智慧监管平台及评估考核体系构建与示范；生活垃圾集约化处置全链条技术集成及综合示范。针对上述问题，技术路径如下所述。

（1）生活垃圾特性解析及选择性精准分类体系构建

分析深圳市生活垃圾产生特征和时空分布规律；面向不同责任主体，根据垃圾产生特性不同，建立选择性的精准分类模式；以垃圾桶、中转站、后端处理设施等为重要节点进行生活垃圾物质流分析，基于城市现状，解析收运处理设施结构与布局的最优机制；制定有效的配套法规、政策、制度和管理办法，保障分类体系的长效运行；选择居民小区和企事业单位进行分类质量提升与保障示范。

（2）生活垃圾分质收运和减量提质系统优化与示范

针对经过源头选择性分类后的混合垃圾，研究分质收运与减量提质方案，在生活垃圾转运站开展次高压分类减量提质实验，开发适于生活垃圾转运站的次高压分类减量提质技术与设备，开展次高压分类减量提质工程示范，制定转运站生活垃圾分类减量提质标准及规范。

（3）有机垃圾和再生资源利用园区循环化改造研究与示范

针对有机垃圾、大件垃圾及重点再生资源，立足于深圳市现有环境园区，研究园区循环化改造与再生资源分拣系统建设方案，研发大件垃圾高效拆解分选技术、有机垃圾协同处理设施扩能增效技术，开展有机垃圾协同处理、大件垃圾及重点再生资源回收利用等工程示范。通过能量流和物质流分析优化沼气和热解气所产热能、电能在环境园区的分配，实现废水、残渣等末端处理处置设施共享，改善处理效果并提高处理能力，实现园区资源、能源的高效循环利用。

（4）生活垃圾焚烧效能提升及污染物控制关键技术研究与示范

针对在深圳等特大城市生活垃圾处理中处于核心地位的焚烧系统，研究焚烧处理效能提升技术，开发污染物排放控制技术，并开展生活垃圾焚烧特征污染物全过程减排和焚烧飞灰深度稳定化工程示范。依托深圳能源环保股份有限公司宝安垃圾发电厂，通过典型部位布点采样，分析垃圾焚烧过程中二噁英沿程的产生和分布特征，以及飞灰的元素组成、微观形貌、重金属种类、含量、赋存形态及浸出毒性等特征，明确二噁英和重金属在生活垃圾焚烧过程中的生成、迁移及转化规律；结合生活垃圾精准分类，采用污染物前驱体预分离技术，实现污染物排放的高效控制；基于分类后垃圾特性的变化，通过调整焚烧处理全过程运行控制参数，优选出最佳工况条件、提高焚烧锅炉热效能；针对传统螯合稳定化对飞灰中铅、镉固定效率低的问题，开发新型高分子螯合稳定化及高温熔融技术，实现对飞灰的深度稳定化。

（5）生活垃圾分类处理智慧监管平台及评估考核体系构建与示范

针对生活垃圾全链条处理的管理需求，详细调研深圳市生活垃圾分类处理对全过程监管的需求，通过铺设终端感知设备、建设通信传输通道、设计监控应用界面、构建大数据管理平台，建立覆盖各类生活垃圾收集、运输、利用、处理、处置等全过程的垃圾分类处理物联网监控系统和大数据管理平台；建立深圳市生活垃圾分类处理评估考核指标与体系，并制定标准、规范，从而促使生活垃圾管理体系健全、均衡发展。

（6）生活垃圾集约化处置全链条技术集成及综合示范

以"补齐短板、打通链条、提升效能、构建体系"为指导，优化重整深圳市生活垃圾处理系统物质流动和代谢途径，对源头精准分类减量—分质收运减量提质—再生资源规范回收—有机垃圾协同转化—清洁焚烧效能提升—剩余残渣安全处置各项技术进行综合性集成，形成全链条集成的系统化解决方案与商业化运行模式，并开发生活垃圾处理环境绩效多维度综合评价方法，提出我国超大城市生活垃圾分类处理长效机制政策建议。

　　本书作者团队建立的超大城市生活垃圾分类处理综合示范工程的总体技术路线如图 1.1 所示。

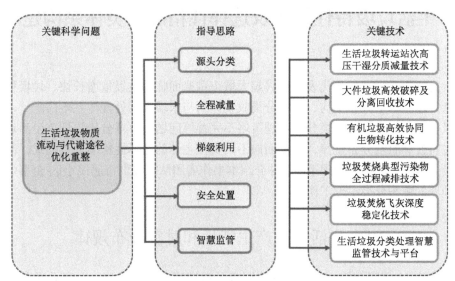

图 1.1　超大城市生活垃圾分类处理综合示范工程的总体技术路线

扫描封底二维码可查看本书彩图内容，余同

第 2 章

生活垃圾特性解析及选择性精准分类体系构建

为解决以深圳市为代表的新兴超大城市普遍面临的垃圾量增长快、垃圾种类复杂、垃圾时空分布不均、前端分类收集体系与末端收运处理体系不匹配、市民垃圾分类参与率低、垃圾分类管理策略不完善等问题，本章分析深圳市生活垃圾产生特性和时空分布规律，建立面向不同责任主体的选择性精准分类模式，制定垃圾分类体系的有关管理策略，并介绍本书作者团队在深圳市居民小区/企事业单位开展的源头分类示范工作。

2.1 生活垃圾产生特性和时空分布规律

从 2018 年底开始，项目组持续调查了深圳市多个居住区、企事业单位、公共场所的垃圾产生量与组分，并从城管部门、商务部门、终端设施等单位收集了生活垃圾清运和再生资源回收的统计数据，完成了对全市生活垃圾的调研和分析。在这些数据的基础上，掌握了深圳市生活垃圾源头时空产生规律，并对未来变化趋势进行了分析，为深圳市构建生活垃圾选择性精准分类体系提供了科学依据。

2.1.1 调研对象与方法

除收集各示范点填写的调查表格外，项目组分别于 2019 年 6 月，2020 年 1 月、6 月、10 月，2021 年 4 月、9 月、12 月，以及 2022 年 6 月对深圳市各类场所进行了垃圾产量、组分及理化性质的实地调研，调研对象和时间具有互补性，调研对象共 58 个，涵盖 11 种类型。

生活垃圾产生量来自现场调研和管理部门，组分数据来自现场调研。在调研点当日垃圾清运前对垃圾桶内垃圾取样和现场分拣，进行组分称重，并送回实验室进行含水率、有机质、热值等的测定。采样与分析方法参考《生活垃圾采样和分析方法》（CJ/T 313—2009）及《深圳市家庭生活垃圾分类投放指引》。

为获得深圳市生活垃圾桶容重，项目组于 2021 年 4~12 月在多个源头进行了实验，发现其他垃圾平均容重为 0.16 kg/L，厨余垃圾平均容重为 0.58 kg/L。其他城市的报道也与此接近。影响垃圾容重的因素有垃圾组成成分、含水率、季节、当地气候等。"其他垃圾"的容重随经济水平增加而降低，随分类水平（厨余垃圾分出率）增加而降低。由于垃圾分类程度也会导致垃圾容重的变化，因此要根据实际情况对上述取值进行调整。

2.1.2　生活垃圾排放的时空变化

（1）深圳市各时期生活垃圾排放情况

《深圳市生活垃圾分类管理条例》自 2020 年 9 月 1 日起正式实施，项目组在 2018～2022 年对深圳市生活垃圾产生情况进行了 4 次调查，并汇总了各类统计数据，分析了生活垃圾强制分类前、强制分类初期和强制分类常态化 3 个时期深圳市生活垃圾排放情况。以 2022 年数据为例，对比分析不同时期深圳市生活垃圾排放变化情况。表 2.1 统计了 3 个时期深圳市生活垃圾产生量及产生源数据。

表 2.1　深圳市生活垃圾产生源演变情况

产生源或种类	2018 年		2020 年		2022 年	
	产生量/（t/d）	占比/%	产生量/（t/d）	占比/%	产生量/（t/d）	占比/%
居住区	14235	54.7	14300	45.1	15082	47.5
机关企事业单位	4171	16.0	4748	15.0	7334	23.1
餐饮单位	2847	10.9	2860	9.0	1774	5.6
绿化垃圾	730	2.8	991	3.1	755	2.4
废旧家具	610	2.3	746	2.4	885	2.8
果蔬垃圾	254	1.0	721	2.3	1013	3.2
商业区	231	0.9	240	0.8	176	0.6
学校	183	0.7	202	0.6	130	0.4
其他	2776	10.7	6859	21.7	4585	14.4
总计	26037	100	31667	100	31734	100

深圳市 2022 年 1～11 月源头和末端设施的生活垃圾组分见图 2.1。源头生活垃圾中厨余垃圾（包括家庭厨余垃圾、餐饮垃圾和果蔬垃圾等）占 37%，相较于 2020 年减少 7 个百分点，这主要是由于餐饮行业受持续三年的新冠疫情的影响很大，厨余垃圾明显减少。可回收物比例的变化总体较小，金属、玻璃、织物等有所增加。

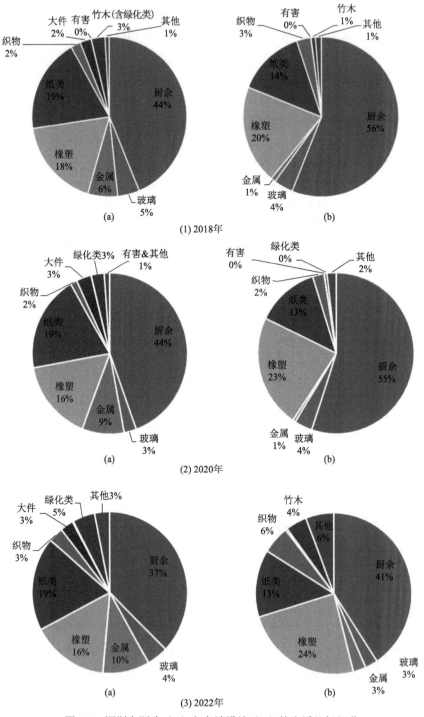

图 2.1　深圳市源头（a）和末端设施（b）的生活垃圾组分

在末端处理设施（焚烧厂）的进场垃圾中，厨余垃圾比例为 41%，相对于 2020 年的 55% 有显著下降。家庭厨余垃圾分出率达到 25%，农贸市场进一步强化对果蔬垃圾的分类回收，因此导致焚烧厂进场垃圾中厨余垃圾比例下降。相对地，织物和竹木类垃圾比例上升，而纸类和橡塑比例轻微增加。

深圳市生活垃圾分类系统物质流图如图 2.2 所示。生活垃圾自源头产生后有 3 个去向：①厨余垃圾、果蔬垃圾、绿化垃圾、大件垃圾、织物、废旧家具等进入环卫系统，环卫系统收集到的少量玻璃、金属、塑料和纸类（简称玻金塑纸）再交给再生资源系统，实现两网融合，根据深圳市生活垃圾分类管理事务中心数据，2022 年环卫系统收集的厨余垃圾和可回收物为 7879 t/d，是 2018 年的 3.5 倍；②部分可回收物直接进入再生资源系统，根据深圳市生活垃圾分类管理事务中心数据，平均为 7300 t/d，其中纸类、塑料、钢铁、玻璃的占比按照 2022 年 4 月抽样调查报告分别为 50%、13.5%、36%、0.5%；③其他垃圾全量焚烧，处理量为 16807 t/d。结果表明，环卫系统已经超过再生资源系统，成为生活垃圾资源回收利用的主要途径。

2022 年深圳生活垃圾总的回收利用率达 47.3%，相较 2018 年的 29.3% 提高了 18.0 个百分点，说明深圳市垃圾分类工作取得了显著进步。厨余垃圾的整体回收利用率约为 42%，其中家庭厨余垃圾的回收利用率达到 25%。可回收物来源组分（玻璃、金属、橡塑、纸类、织物和大件垃圾）的总回收利用率为 53%，其中玻璃的回收利用率相对于 2018 年有显著提升，说明这类低值可回收物的回收体系已经发挥了重要作用。

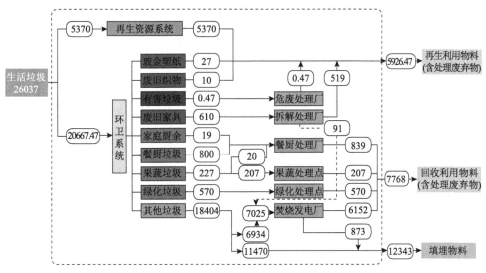

(a) 2018年

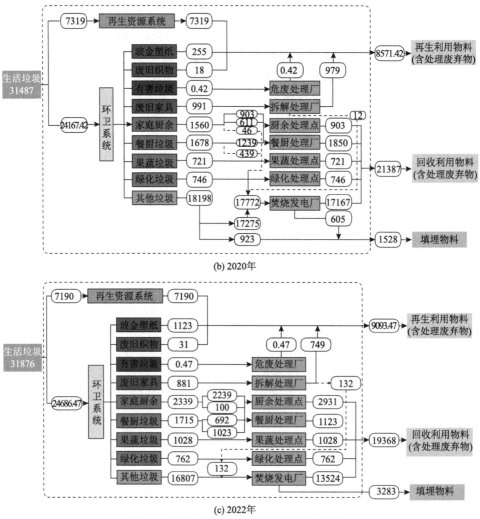

(b) 2020年

(c) 2022年

图 2.2　深圳市生活垃圾分类系统物质流图

单位：t/d

（2）深圳市各场所生活垃圾排放规律

不同源头排放的生活垃圾数量和性质各不相同。项目组根据四年八次采样结果的平均值，对 11 类场所的生活垃圾产生规律进行了分析。根据不同场所的垃圾投放情况和其他垃圾中的各类组分，可以推测各场所垃圾产生的情况，具体如图 2.3 所示。厨余垃圾是生活垃圾的主要组分，但不同场所的占比有较大差异。除主要产生厨余垃圾的餐饮企业和农贸市场外，物业小区、城中村的厨余垃圾占比较高，在 60% 左右。学校之间的差异较大，有食堂的学校垃圾产生量大，厨余垃圾占比高。除厨余垃圾外，纸类和塑料也是生活垃圾的主要组分，但多是不可回收的纸类和塑料，而玻璃几乎都是可回收的玻璃容器。

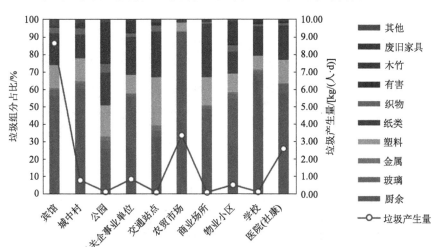

图 2.3　不同场所垃圾产生量和组分占比（四年平均）

在各类场所中，宾馆、农贸市场、公园、交通站点的服务人数均以日客流量代替。宾馆、医院、农贸市场的人均垃圾产生量很高，这是由这些场所的特点决定的。大部分宾馆在提供住房服务的同时也会配套有关餐饮服务，浪费量较大，而且消耗量也包括员工及非房客；医院在提供患者服务的同时，医院员工也会产生垃圾。物业小区垃圾产生量为 0.54 kg/（人·d），而城中村垃圾产生量为 0.83 kg/（人·d），按物业小区居住人口占 42%，而城中村居住人口占 58% 计算，居住场所垃圾产生量为 0.71 kg/（人·d）。

从不同场所投放的其他垃圾中的各类组分占比可以判断各场所生活垃圾源头分类的情况。本项目对多个小区进行了长期跟踪检测，图 2.4 显示了 4 个小区其他垃圾桶中垃圾组分在 2019～2022 年的细致变化。可以看到，厨余垃圾在其他垃

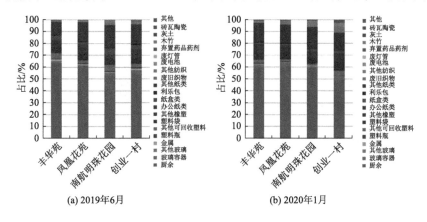

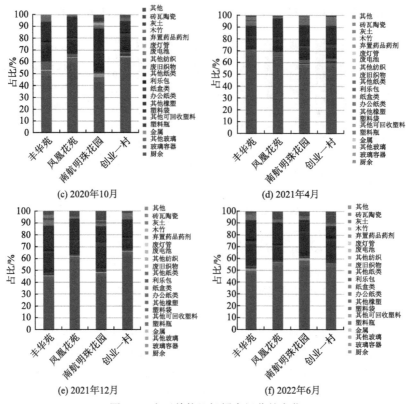

图 2.4　小区其他垃圾桶中组分的变化

圾桶中的占比已经从 2019 年 6 月的 60% 左右下降到 2022 年 50% 左右。其间，受到新冠疫情及督导缺失的影响，个别时段存在反弹。

投放产生的其他垃圾会送入焚烧厂处理，其理化性质如图 2.5 所示。含水率

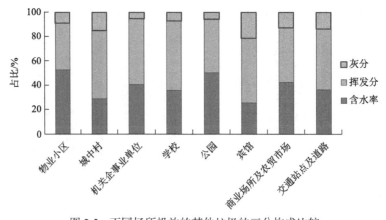

图 2.5　不同场所投放的其他垃圾的三分构成比较

占比：物业小区 > 公园 > 商业场所及农贸市场 > 机关企事业单位 > 交通站点及道路 > 学校 > 城中村 > 宾馆，因此小区垃圾带来的水分是焚烧厂进场垃圾中水分的主要来源之一。不同类别地点的灰分占比在 5.79%～21.69%，而不同类别地点的挥发分占比在 38.16%～56.54%。

对于不同类别的地点，其他垃圾干基热值和湿基低位热值如图 2.6 所示，各类地点其他垃圾的干基热值变化不大，但湿基低位热值随含水率的变化而变化，湿基低位热值比较：城中村 > 学校 > 机关企事业单位 > 交通站点及道路 > 商业场所及农贸市场 > 公园 > 物业小区 > 宾馆，湿基低位热值的变化范围较大，在 7528～13440 kJ/kg。

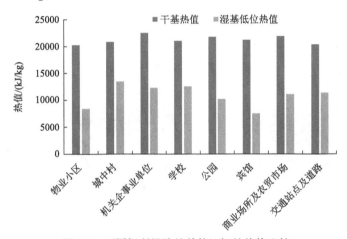

图 2.6　不同场所投放的其他垃圾的热值比较

随着厨余垃圾和玻璃、金属等可回收物的分出，各产生源其他垃圾的湿基低位热值也在增加。以居民小区的其他垃圾的湿基低位热值为例，2019 年 6 月为 7300 kJ/kg，2020 年 6 月达到 8800 kJ/kg，2021 年 12 月已经达到 12000 kJ/kg 以上。前面几节已经给出了 2018 年、2020 年和 2022 年焚烧厂进场垃圾的组分变化情况，最显著的变化是厨余垃圾占比显著下降。与此相应，进场垃圾的实际热值也在提升，2019 年为 6300 kJ/kg，2020 年为 6500 kJ/kg，2021 年为 7600 kJ/kg，2022 年达到 8700 kJ/kg。

2.1.3　生活源再生资源回收情况

在以往统计中，缺少对生活垃圾中可回收物流向再生资源系统的记录。针对这种情况，项目组利用公开数据、文献资料、主管部门材料和现场抽样调查资料，开展了生活源可回收物进入再生资源系统情况的分析。

（1）福田区回收网点情况

深圳市再生资源回收网点设置因陋就简，管理较为粗放（图2.7）。为了规范再生资源回收网点，福田街道制定《福田街道废品收购疏导点管理办法》，明确疏导点"定时、定点、定车、定人"的经营模式。经过反复考察对比，对提交了经营申请公司的资质情况、业绩状况及具体管理措施等进行评分，最终按得分情况选择了3家优质公司作为疏导点的经营单位。在滨河路转皇岗路辅道、民田路转滨河路交会处等6处（实际运营的为4处）行人车辆较少、位置相对偏僻的交通辅道路段，分别划出面积不超过$100m^2$的地方作为流动便民废品收购疏导点的经营地点，其他路段、区域则严禁出现收购废品行为。该回收管理模式促进了垃圾减量，改善了市容市貌，也降低了安全事故。

| (a) | (b) |

图2.7　深圳市福田区翰岭院小区再生资源回收站（a）和深圳市通成宝再生资源基地（b）现场情况

福田街道2019年实际管理人口约50万人，通过4个废品收购疏导点回收的可回收物约100t/d，基本覆盖了街道80%的回收量，由此推算街道实际的回收量能达125 t/d。由于福田街道内无工业企业，每天回收的125t左右的废品基本为生活源再生资源。根据这一数据，生活源可回收物进入再生资源系统的量为0.25 kg/（人·d）。

南湖街道把辖区的6个废品回收点和路面上16台流动废品收购车进行规范整合，明确各收购点和收购车的从业标准和末端处理去向，建立数据库，制定从业准则，打造安全、方便、快捷的废品回收模式。目前，南湖街道2019年实际管理人口约25万人，每天回收60余吨可回收物，则生活源可回收物进入再生资源系统的量为0.24 kg/（人·d）。

（2）龙华区回收网点情况

项目组于2020年5月在龙华区抽样选取代表性的24家回收站点进行现场调查，了解生活源再生资源的回收利用现状，包括回收量、回收品种、回收模式、回收路径、回收去向等。在这些站点中，100%生活源（包括居民生活、商场、超市、办公楼等日常产生）的回收站点共 8 家，100%工业源（工厂产生的边角废料）的回收站点共 6 家，其余回收站点两者均回收。

工业源的回收站点可能存在直接从工厂将废料回收后运至外地的处理企业，因此考虑 100%生活源的回收站点，对该类型站点的回收量和经营面积进行相关性分析，得到了两者的线性相关性公式为 $y=5.1101x+2034.1$；其中，y 为回收站点回收量（t/a），x 为回收站点经营面积（m^2）。

将全区在营业的回收站点的总经营面积 82440 m^2 代入公式，从而估算出对应的回收总量约 423311 t/a，即全区再生资源回收量约 1160 t/d。根据深圳市商务局有关统计，随着深圳市产业升级转型，近几年全市工业源再生资源比例由之前的 60%下降至 37%，则生活源比例约从之前的 40%上升到 63%。按此比例计算，龙华区再生资源回收总量约为 1151 t/d，其中生活源再生资源回收量约为 725 t/d。根据龙华区管理人口数 290 万人计，人均产生量为 0.25 kg/d，与福田区调查结果一致。

（3）全市情况分析

根据深圳市商务局的数据，2017 年全市的再生资源回收量为 283.0 万 t，2016 年宝安区再生资源回收量为 96.55 万 t，结合人口分布及增长情况，推算得出 2018 年全市再生资源回收总量为 298 万～417 万 t。再生资源行业主管部门主要通过抽样（10%）的方式进行统计，综合考虑了样本站点数据的误差，并根据人口、国内生产总值（GDP）等指标进行修正。目前该行业在作业、管理和统计过程中均未区分生活源与工业源再生资源。根据回收网点反馈，生活源所占比例上升到 63%。按 63%计算，生活源再生资源回收量为 186 万～261 万 t/a，折合 5096～7151 t/d。截至 2022 年，根据深圳市可回收物增加的趋势，可以按 7300 t/d 估算。

2.1.4　生活垃圾产生量预测

生活垃圾产生量与经济发展水平、居民生活习惯和人口数量相关。当经济发展达到一定程度后（包括垃圾分类实施后），人均垃圾产生量会随着消费观念、行为习惯的变化保持稳定或出现一定程度的下降。此外，根据《国家人口发展规划（2016—2030 年）》，中国人口将在 2030 年前后达到峰值，而根据近两年的发展趋势看，全国人口达峰的时间还可能提前，此后各城市将出现不同程度的收缩。因此，可以把 2025～2035 年作为大多数城市生活垃圾产生量从持续增长到开始降低的拐点。

（1）城市人口预测

对于深圳，许多基于土地、资源和经济的人口承载力分析表明，深圳市常住人口上限为 1600 万人左右。根据《深圳市 2023 年国民经济和社会发展统计公报》，全市年末常住人口 1779.01 万人。根据《深圳市国土空间总体规划（2020—2035）》，深圳市 2035 年将控制常住人口规模 1900 万人，实际管理人口 2300 万人。据此推测，深圳市常住人口规模在 2025～2035 年应该不会继续快速扩张。

根据深圳市移动通信大数据等信息，深圳市的实际管理人口近几年一直在 2200 万人左右，仅在新冠疫情最严重的时期，下降到约 2020 万人。深圳市土地面积不到 2000 km²，因此实际管理人口密度已达到 11000 人/km²。结合国家限制特大城市人口增长的要求，至 2030 年，预计深圳市实际管理人口基本保持稳定，而户籍人口将逐渐增加，这一趋势也与近几年的变化一致。因此，根据深圳市发展规划和城市承载力，从生活垃圾产生的角度看，深圳市实际管理人口可以按 2200 万人进行保守预测。

（2）垃圾产生预测

《深圳市生活垃圾分类管理条例》于 2020 年 9 月 1 日起实施，分类前 2018 年人均生活垃圾产生量（含源头分流的各类可回收物）为 1.189kg/d，基本与日本人均生活垃圾产生量的峰值（2000 年 1.185 kg/d）相当。随着经济的进一步发展和循环利用工作的推进，日本人均生活垃圾产生量呈现下降趋势，目前为 0.92 kg/d。香港 2018 年生活垃圾（不含商业垃圾）人均产生量为 0.90 kg/d。另外，其他开展垃圾按量计费的城市经验表明，按量计费后人均生活垃圾产生量将有所下降。综合考虑上述两方面因素，深圳市生活垃圾分类后人均生活垃圾产生量预计不会显著增加。在未来，可以按人均垃圾产生量的峰值（1.4 kg/d）考虑，人口按 2300 万人估计，则深圳市生活垃圾总产量为 32200 t/d。

根据 2022 年底深圳市的最新统计，全市生活垃圾产量约 32300 t/d，与预计相近。在这些垃圾中，直接焚烧处理量约 15400 t/d（资源化过程中还会有残渣进入焚烧系统），环卫系统分流分类回收量达到 9600 t/d，市场化再生资源量达到 7300 t/d。在此基础上，进一步推测 2022～2030 年在深圳市总管理人口不再增长，而生活垃圾人均产生量达到 1.4 kg/d 的情况下，深圳市生活垃圾产生量（含少量工商业垃圾）预计维持在 32000 t/d 左右。

生活垃圾的组成与人们生活习惯和政策约束有关。近几年，深圳市生活垃圾中厨余垃圾占比多在 44%左右，仅在 2022 年因新冠疫情影响，厨余垃圾总量减少。可回收物（包括被污染的玻金塑纸、绿化垃圾等）占 50%～55%。通常地，经济越发达，厨余垃圾在全部生活垃圾中的占比就越少，而可回收物占比就越高。国家大力推动的"光盘行动"等措施也会减少食物浪费，进而减少厨余垃圾的产量。日本居民生活习惯与我国接近，其生活垃圾组分可以作为参考。2012 年，日本京都的厨余垃圾占比平均为 40%左右（图 2.8），略低于深圳市厨余垃圾占比。因此在近期分类系统设计时，可以参考这一比例。

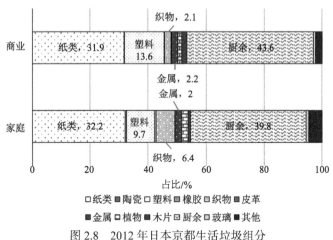

图 2.8　2012 年日本京都生活垃圾组分

2.2　生活垃圾选择性精准分类体系研究

生活垃圾分类模式有多种，不同地域、不同城市适合的分类模式不尽相同。根据深圳市这类超大城市的特点，在垃圾产生时空特性分析的基础上，本项目开展了生活垃圾选择性精准分类体系研究。研究从宏观到微观，分为 3 个阶段，包括基本分类模式的研究、不同场所精细分类模式的研究和产生单位内部分类模式的研究。基本分类模式的研究，重点是比较"分类"和"可燃/不可燃分类"两类基本模式；不同场所精细分类模式的研究，在基本四分法的基础上根据不同场所的特点选择性增加分类别；产生单位内部分类模式的研究，关注具体场合开展内部垃圾桶点布置方式的研究。在上述成果的基础上，最终提出适于深圳超大城市的完整选择性精准分类体系。

2.2.1　分类模式的研究

本项目使用生命周期评价（LCA）评估不同分类模式下的环境影响和经济效益，从而选出适合深圳市的基本分类模式。研究范围为深圳市垃圾分类的全系统，包含从投放到末端处理的全部环节，系统构成及其边界如图 2.9 所示。评估过程将生活垃圾处理系统分为源头投放、中转站、可回收物回收处理、厨余垃圾厌氧处理厂、焚烧厂、填埋场及各地点间的运输等主要部分，分别对深圳市生活垃圾分类、收运、处理所涉及的各环节进行生命周期评价数据清单本土化，并分别进行各环节在运行时的 LCA 环境影响和经济效益分析。

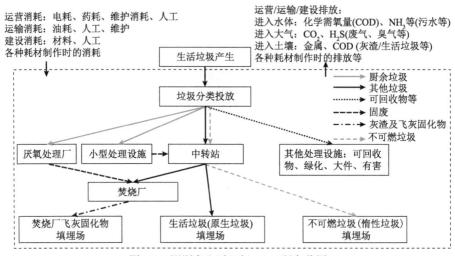

运营消耗：电耗、药耗、维护消耗、人工
运输消耗：油耗、人工、维护
建设消耗：材料、人工
各种耗材制作时的消耗

运营/运输/建设排放：
进入水体：化学需氧量(COD)、NH$_3$等(污水等)
进入大气：CO$_2$、H$_2$S(废气、臭气等)
进入土壤：金属、COD (灰渣/生活垃圾等)
各种耗材制作时的排放等

生活垃圾产生

垃圾分类投放

厌氧处理厂　小型处理设施 → 中转站　其他处理设施：可回收物、绿化、大件、有害

焚烧厂

焚烧厂飞灰固化物填埋场　生活垃圾(原生垃圾)填埋场　不可燃垃圾(惰性垃圾)填埋场

厨余垃圾
其他垃圾
可回收物等
固废
灰渣及飞灰固化物
不可燃垃圾

图 2.9　深圳市生活垃圾 LCA 研究范围

（1）分类模式的设定

根据深圳市生活垃圾分类实际情况、近几年垃圾分类政策和国际上典型的分类方式设定为以下三类。①历史模式（H）：基于 2017 年情况，深圳市初步构建分类系统，主要是分出餐厨垃圾，而新的垃圾焚烧厂尚未投产，仍有大量垃圾依赖于填埋处置。②现行模式：以四分法为基础的分类模式，根据不同的分类效果设置 N1～N5 场景。③可能模式：可能模式是基于深圳市具有全量焚烧能力，增加不可燃垃圾的分类和/或取消家庭厨余垃圾的分类，包括 O1～O4 四种情景。

其中，N1：参考 2020 年 1～8 月（《深圳市生活垃圾分类管理条例》实施前）的生活垃圾分类收运处理数据，推算 2020 年全年的生活垃圾分类收运处理情况的场景，回收利用率为 33.8%；N2：参考 2020 年 10 月（《深圳市生活垃圾分类管理条例》实施后）的生活垃圾分类收运处理数据，推算至 2020 年全年的生活垃圾分类收运处理情况的场景，回收利用率为 39.6%；N3：假设不再督导，分出率依次设为玻璃 42%、金属 90%、橡塑 42%、纸类 71.9%、纺织 12%、厨余垃圾 5.3%，对绿化、大件和餐厨等收运体系搭建完整的系统，收集能力达 N2 中的 80%，再生资源系统的分类量保持不变，回收利用率为 34.2%；N4：假设持续如今的监督力度（每天 1 次，每次 2 h），逐步培养居民分类投放能力的情况下，五年后居民可以分出可回收物中玻璃的 70%、金属的 90%、橡塑的 70%、纸类的 90%、纺织的 20%、有害垃圾的 10%，此时的厨余垃圾分出率参考生活垃圾焚烧厂热值的限值进行计算，为 28.4%，餐厨垃圾分出率达 60%，家庭厨余垃圾分出率达 17.66%，即可达成目标，证明该分出率是可行的。再生资源和绿化、大件、餐厨垃圾参考 N2 设置，回收率为 45.9%；N5：该场景为现行模式可以达到的最为理想的分类场景，即所有的可回收物、有害垃圾全部分出，此时厨余垃圾分出率参考焚烧炉热值上限计算，为 43.0%，再生资源系统和分流分类系统中的绿化垃圾等参考 N2 设置，回收率达到 56.6%；O1：在 N2 的基础上增加不可燃垃圾（玻璃和灰土砖陶）的分类，不可燃垃圾分出率达 80%，收运方式与其他垃圾相同，最终进行填埋处置；O2：在 N2 的基础上增加不可燃垃圾分类，同时取消家庭厨余垃圾分类；O3：在 N3 的基础上增加不可燃垃圾分类，不可燃垃圾分出率达 80%，收运处理方式与 O1 相同；O4：在 N3 的基础上增加不可燃垃圾分类，同时取消家庭厨余垃圾分类。

（2）不同模式的综合比较

1）环境影响评价。

各分类模式的环境影响指标和归一化加权结果如图 2.10 所示。可以看出，现行分类模式下的各项环境影响指标和加权结果均优于历史模式（H），其原因在于深圳市 2019 年启用了三大垃圾焚烧厂，将生活垃圾焚烧比例从 37.7%提升至 94.9%，并且极大地提升了绿化垃圾和大件垃圾的回收量。虽然生活垃圾处理系统运行时的某些实际污染物排放量增加，但是电力和各类资源回收对污染物排放进行了补偿，所以进行垃圾分类的环境影响均优于历史模式。

比较 N3～N5 三种模式，从环境影响上而言，分类效果越好，环境影响评价各指标表现越佳。从环境影响指标归一化和加权结果中也可以发现（图 2.11），当回收利用率从 N2 的 40%降低至 N3 的 35%时，环境影响指标加权结果增加了 33%；当回收利用率从 N2 的 40%提升至 N4 的 46%时，环境影响指标加权结果降低了 101%。因此，强化督导促进垃圾分类，可以有效地减少生活垃圾处理系统对环境的负面影响。

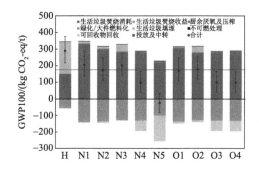

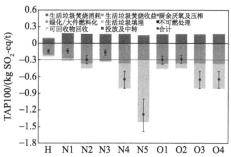

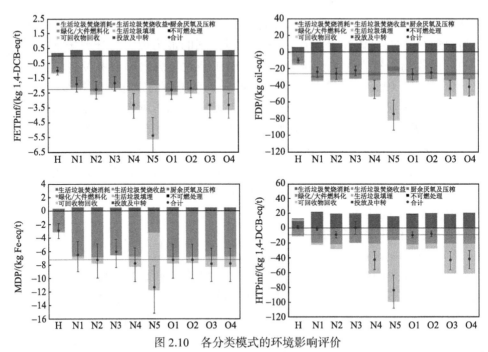

图 2.10　各分类模式的环境影响评价

GWP 表示全球变暖潜能值；TAP 表示陆地酸化；FETP 表示淡水毒性；FDP 表示化石燃料消耗；MDP 表示金属消耗；HTP 表示人体毒性；下同

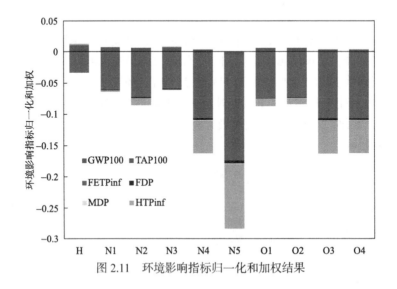

图 2.11　环境影响指标归一化和加权结果

　　2）经济效益评价。

　　各分类模式下的经济效益评价如图 2.12 所示。比较深圳市历史模式（H）和现行分类模式（N1～N5），可以看出，现行分类模式的内部经济成本和居民时间投入成本明显高于历史模式，但环境成本和土地占用成本明显下降。内部经济成本的上升并非焚烧处理量的增多导致处理成本增加，而是投放环节的人工成本增加了督导费用所致。因此，督导促进了垃圾分类，减少了环境污染，但同时增加了生活垃圾分类体系的运行成本。然而，在回收利用率为 39.6% 的现行模式中，督导可以增加回收利用率，从而提升回收收益，弥补督导支出。

从内部经济成本上看，N3 后期不再进行督导，运行费用最低，比 N2 降低19.6%，但土地占用成本和环境成本分别提升 24.1% 和 41.1%；N4 比 N2 督导时间提升 1 h，但是由于收益提升，运行费用降低 12.8%，同时土地占用成本和环境成本分别降低 23.8% 和 21.6%。因此，督导可以促进分类，进而获得正面收益，但是应对督导模式进行优化，以降低经济成本。

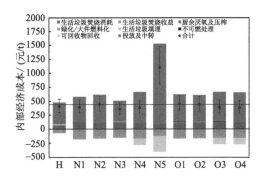

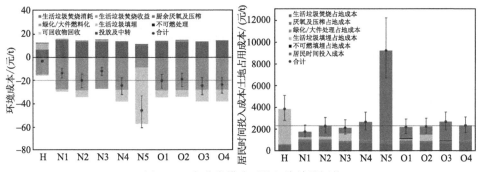

图 2.12　各分类模式下的经济效益评价

从经济效益上看，现状回收利用率下（N2）取消厨余垃圾分类，由于填埋量增加等因素，运行成本增长 0.5%，居民时间投入成本降低 22.2%，但环境成本和土地占用成本分别提升 5.0% 和 6.1%。在全量焚烧且高回收利用率条件下（N4），取消厨余垃圾会使运行成本降低 0.03%，环境成本提升 3.0%，居民时间投入成本降低 18.7%，土地占用成本降低 0.6%，这些提升或降低均不显著。

在本研究的经济和环境各指标的权重分配中，综合考虑环境因素和经济因素，首先推荐深圳市继续推进现行垃圾分类方式，提升各类垃圾分出率；随着回收利用率的进一步提升，不推荐增设不可燃组分分类；对于厨余垃圾分类，从环境和经济角度考虑均不推荐取消厨余垃圾分类，但其分类与否对综合评分结果影响不大，所以也不推荐仅为了提升厨余垃圾分类付出更多的督导成本，应根据生活垃圾产生现状和焚烧厂热值上限确定适合的厨余垃圾分类比例。

2.2.2　分类模式的优化

由于不同场所的垃圾产量和物理组成有一定差别，有必要在四分法的基础上对各个场所的分类模式进行细化，构建选择性精准分类模式。首先，构建费用-效益分析模型对分类模式的分类费用和效益进行分析。选取分类投放费用、分类收运费用和分类处理费用作为 3 项费用指标，选取分类效益作为效益指标。将这 4 项指标的计算结果用 1 t 生活垃圾的费用投入或效益产出来表示。其次，为了兼顾环境因素和社会因素，构建模糊综合评价模型，从经济、环境和社会三方面对 4 种生活垃圾源头分类模式展开多目标决策分析。

（1）优化分类模式的设定

根据生活垃圾源头分类模式的设定原则，设定 4 种生活垃圾源头分类模式，分别为混合模式（对照模式）、基本分类模式、精细分类模式和选择性分类模式。

设定模式一为混合模式（M1），即未开展垃圾分类前的混合收运处理模式，如图 2.13 所示。深圳市在 2012 年就已实施《深圳市餐厨垃圾管理办法》，故在混合模式中设定餐厨垃圾为分类收集，分类场所包括办公区和公共区，而其余生活垃圾为混合收集。

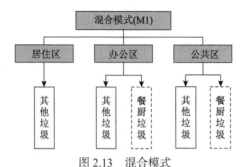

图 2.13　混合模式

混合收集的垃圾均称为"其他垃圾"；虚线框表示该类垃圾属于选择性分类，
即根据具体产生情况决定是否分类。下同

设定模式二为基本分类模式（M2），即"四分类"模式，包括厨余垃圾、可回收物、有害垃圾和其他垃圾，在此基础上对居住区、办公区和公共区的生活垃圾分类模式进行设定，如图 2.14 所示。玻金塑纸混合收集，统称为"可回收物"。各产生场所的有害垃圾均分为废旧电池和废旧灯管（下同）。

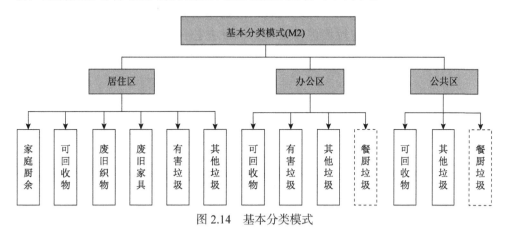

图 2.14　基本分类模式

设定模式三为精细分类模式（M3），如图 2.15 所示。相较于 M2，M3 中居住区和办公区增添了绿化垃圾的分类收集，部分公共区增加了绿化垃圾和果蔬垃圾的分类收集，各场所的玻璃、金属、塑料和纸类均为单独收集，深圳市部分区域已开展细致分类。

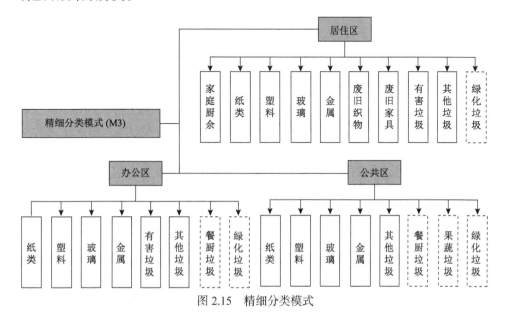

图 2.15　精细分类模式

　　设定模式四为选择性分类模式（M4），是在 M3 的基础上进行调整优化，如图 2.16 所示。办公区和公共区的纸类分别占可回收物的 56% 和 44%，而玻璃、金属和塑料以饮料包装物为主，因此可以考虑将纸类作为一类进行收集。设定居住区分为纸类、塑料和轻质包装物，办公区和公共区采用纸类和轻质包装物的分类模式。此外，办公区有害垃圾主要是废旧电池，且以一次性干电池为主，可作为其他垃圾进行处理，因此办公区将不再对有害垃圾进行单独收集。

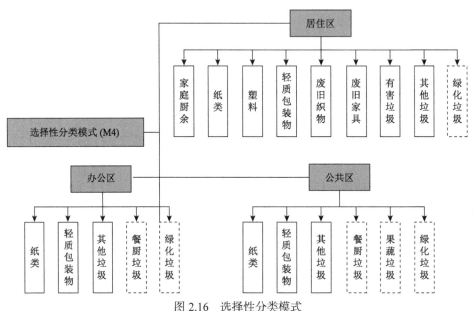

图 2.16　选择性分类模式

（2）不同模式费用效益的综合比较

　　4 种生活垃圾源头分类模式下生活垃圾分类费用-效益的典型值如图 2.17 所示。混合模式费用最低，其中分类处理费用的占比达 67.1%。相较于混合模式，3 种生活垃圾源头分类模式的分类费用均有所增加，这是因为居住区增添了分类督导费用，分类投放费用占分类费用的比例则由混合模式的 2.8% 上升至 17.5%～18.4%。精细分类模式增加了前端分类投放费用，但也降低了末端分类处理费用，总体上分类费用较基本分类模式降低。选择性分类模式的分类费用较精细分类模式减少 3.61 元/t，主要是由于分类投放费用的减少。该模式对 3 类生活垃圾产生场所的垃圾收集容器的配置进行了优化，在保证原有分出量的基础上降低了分类费用。该模式可视为基本分类模式和精细分类模式的融合，一方面其保留了纸类和塑料的源头分类，另一方面金属和玻璃在分拣中心集中分类。源头分类增加了分类投放费用，但降低了分类处理费用，反之，集中分类降低了分类投放费用，但增加了分类处理费用，选择性分类模式即在这两类费用的投入间寻求平衡，从而实现生活垃圾分类费用的整体降低。

4 种生活垃圾源头分类模式的分类费用减去分类收益的典型值分别为 266.59 元/t、286.22 元/t、281.39 元/t 和 277.78 元/t，即选择性分类模式净费用＜精细分类模式净费用＜基本分类模式净费用，由于 3 种源头分类模式的分类效益基本相同，因此分类净费用的高低主要受到分类费用的影响。

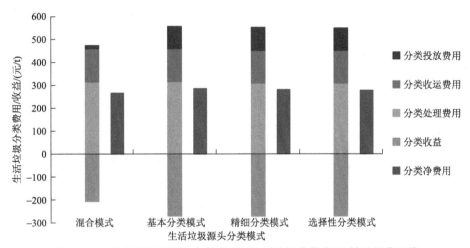

图 2.17　4 种生活垃圾源头分类模式下生活垃圾分类费用-效益的典型值

假设后期居住区无须再开展分类督导，此时 4 种生活垃圾源头分类模式的分类费用-效益的典型值如图 2.18 所示。相较于混合模式，3 种生活垃圾源头分类模式的分类净费用均有所降低，选择性分类模式的分类净费用最低。

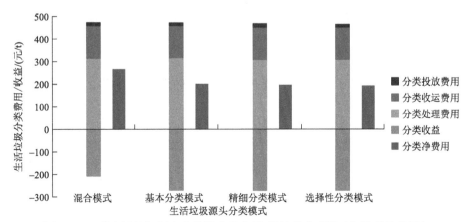

图 2.18　4 种生活垃圾源头分类模式的费用-效益的典型值（扣除督导费用）

（3）多指标模糊综合评价

在费用-效益分析的基础上，进一步考虑不同分类模式的环境影响与社会影响指标，建立综合评价指标体系。研究中选取的二级评价指标均为客观性指标，通过计算赋值。采用熵权法计算各评价指标的权重，然后建立模糊综合评价矩阵对3种生活垃圾源头分类模式进行综合分析。3种生活垃圾源头分类模式的一级因素评价结果和模糊综合评价结果如图2.19所示。在环境因素方面，精细分类模式对优的隶属度为3种生活垃圾源头分类模式中最高。在经济因素和社会因素方面，选择性分类模式表现为最优。从模糊综合评价的最终结果来看，选择性分类模式最好，其对优的隶属度达0.5027，模糊综合评分为93.3；其次为精细分类模式，该模式对优的隶属度为0.4086，模糊综合评分为89.7；基本分类模式最差，其对优的隶属度仅为0.1191，模糊综合评分为79.7。

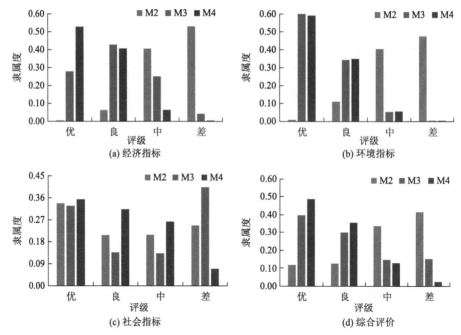

图2.19　3种生活垃圾源头分类模式的一级因素评价结果和模糊综合评价结果

相较于全国普遍采用的基本分类模式，深圳市现有的精细分类模式的综合评分更高，说明深圳市现有的生活垃圾分类体系对全国部分城市的垃圾分类工作具有一定的借鉴意义。首先，深圳市强化了果蔬垃圾和绿化垃圾的分类收集处理，提升了系统表现；其次，深圳市已经实现其他垃圾全量焚烧，可以实现未分出垃圾的热能回收利用，并带来一定的经济效益和碳减排效益，相较于填埋处置提升了分类处理环节的经济性和环境效益。可见，深圳市"前端精细分类+末端全量焚烧"的生活垃圾分类管理策略将有助于垃圾分类工作取得更好的成效。相较于精细分类模式，选择性分类模式的模糊综合评分进一步提高，为深圳市生活垃圾分类体系的进一步优化提供了参考。根据生活垃圾产生规律，选择性分类模式将玻金塑纸和有害垃圾作为优化对象，对前者进行了源头细分模式的优化，对后者进行了分类主体的优化，并以此为基础，对分类运输环节和分类处理环节做出相应调整。由各个指标的计算结果可知，选择性分类模式可以优化分类系统的分类费用投入，但会弱化分类系统的碳减排效益，说明前端是否细分、分出量的多少等对分类系统所产生的效益之间本就存在矛盾，而选择性分类模式在各效益间寻求平衡点，从而使得综合效益提升。

2.2.3　场所桶点布局的研究

在上述选择性精细分类模式布局的基础上，对于具体的产生源头还需要根据具体场景设置不同的分类桶点。由于小区、公园、农贸市场等场景较为单一，布置相对简单，下面以功能区较多的办公楼宇为例进行说明。

（1）场景特征分析

某大学办公楼共 22 层，工位数共 1976 个，人数共 548 人。其中，餐饮点、教室、公共自习室等地的流动人员数量较多。该楼日均垃圾产生量 171 kg，则人均垃圾产生量为 0.31 kg/d。在垃圾组分中，厨余垃圾占 46.1%，可回收的玻金塑纸占 11.4%，其他垃圾（包括被污染无法回收的纸巾、口罩等）占 42.4%，有害垃圾（仅发现药品）占 0.1%。

该办公楼垃圾由物业管理，过去未进行垃圾分类，仅有少量快递包装由保洁人员自行回收。各楼层垃圾由保洁人员收集到黑色袋，再通过手推车送到 B1 层停车场的电动三轮车中。待堆满后送至社区垃圾暂存点，经短暂停留后由小型卡车送至中转站压缩，并最终转运至焚烧厂。

（2）桶点布置方式

按照四分法在该办公楼内进行垃圾分类，根据不同具体场景设置桶点，既要满足分类要求，方便垃圾投放，又要避免垃圾桶冗余，节约成本。在设置时，由于餐厨垃圾的投放往往伴随着餐盒、塑料袋等其他垃圾的同时投放，因此在餐厨垃圾桶旁设置一个其他垃圾桶。该楼除了 1F、2F、12F 之外的楼层结构排布与功能大致相同，主要结构包括电梯间、办公室、会议室、工位、茶水间、卫生间。我们先对这些主要楼层的垃圾桶的布置进行设计，然后再单独设计其他个别楼层。各楼层的垃圾桶具体布局图如图 2.20 所示，8F 同 7F，9～22F 同 12F。

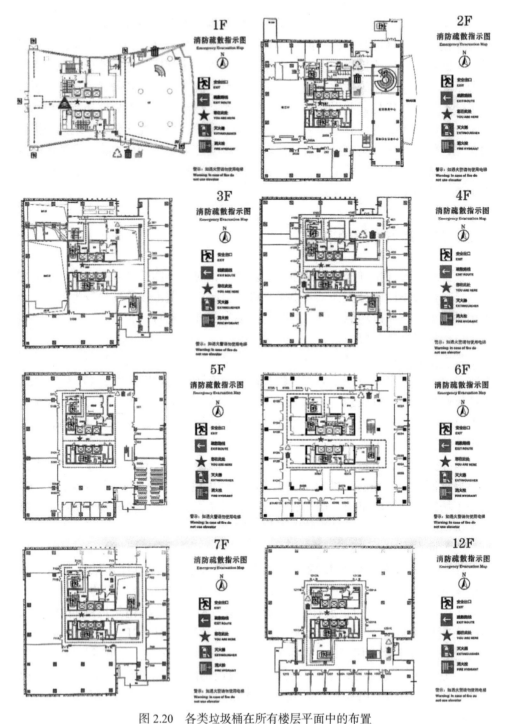

图 2.20　各类垃圾桶在所有楼层平面中的布置

🔺有害垃圾桶，🗑️餐厨垃圾桶，♲可回收垃圾桶，🏛️其他垃圾桶

2.3　生活垃圾分类管理政策研究

在分析深圳市生活垃圾特征、形成选择性精准分类模式的基础上，为了促进生活垃圾的分类管理，项目组调研了深圳市垃圾分类管理现状和面临的挑战，重点针对分类系统的全成本、计量收费策略和重点品类的管理策略等问题开展了系统研究，为深圳市垃圾分类配套措施、政策的制定提供支撑。

2.3.1　生活垃圾分类模式全成本分析

本节对深圳的实际情况，从政府财政支出的角度进行全成本分析，从而为政府资金效率评估、未来计量收费政策提供依据。垃圾分类投放可配置普通分类桶或智能分类桶，家庭厨余垃圾可以采取多种处理技术。生活垃圾全成本分析功能单元及系统边界如图 2.21 所示。其中，直接土地利用的绿化垃圾和完全由市场化收运处理的废旧织物及高值可回收物部分由于不进入生活垃圾收运处理系统，因此不纳入本研究系统边界讨论范围。本研究以 2019 年 12 月深圳市生活垃圾日均清运处理量为功能单位，即 22192 t/d，假设各类别垃圾在投放、收集、运输、处理、处置环节的垃圾量均不发生损耗。

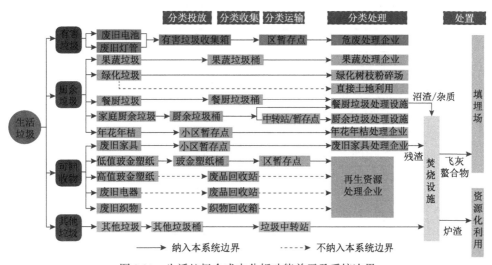

图 2.21　生活垃圾全成本分析功能单元及系统边界

通过调查深圳市分类管理的实际投放成本、分类收运成本、分类处理成本、处置成本、宣教及监管成本和外部成本，分析了深圳市生活垃圾管理全成本，如表 2.2 所示。其中，有害垃圾、玻金塑纸的收运成本较高，主要是因为这两类垃圾的装载质量较低，单次收运成本较高。在收运过程中应考虑优化收运频次和路线。此外，应积极探索"两网融合"的实践路线，发挥垃圾分类回收体系与再生资源回收体系的协同作用，实现低值玻金塑纸的规模化收运。

表 2.2　深圳市生活垃圾分类管理全成本核算表（2019 年 12 月）

环节	垃圾类别	垃圾量/（t/d）	成本/（元/t）	各环节成本/（元/t）	全成本/（元/t）
投放	生活垃圾	22192	58	58	
收运	餐厨垃圾	1744	180	100	
	绿化垃圾	665	62		
	果蔬垃圾	399	0		
	家庭厨余垃圾	291	299		
	其他垃圾	18102	93		
	废旧电池	0.18	50678		
	废旧灯管	0.31	50678		
	低值玻金塑纸	147	547		
	废旧家具	808	0		
	年花年桔	35	0		
处理	餐厨垃圾	1744	284	281	659
	绿化垃圾	665	105		
	果蔬垃圾	399	228		
	家庭厨余垃圾	291	284		
	其他垃圾	18102	280		
	废旧电池	0.18	8000		
	废旧灯管	0.31	17200		
	低值玻金塑纸	147	0		
	废旧家具	808	496		
	年花年桔	35	328		
处置	飞灰螯合物	688	6	0.2	
宣教及监管	生活垃圾	22192	32	32	
外部成本	其他垃圾	18102	205	188	
	餐厨+果蔬+绿化+家庭厨余	3099	150		
	有害垃圾	0.49	300		

注：投放成本按设置普通分类桶，每日督导一次核算；家庭厨余垃圾处理方式为餐厨协同处理。

　　根据前述分析，要进一步提升生活垃圾回收利用率，如果依赖于更多的宣教督导投入，将会继续增加垃圾分类费用。因此，需要采取合适的策略进行提效降费。家庭厨余垃圾、餐饮垃圾和可回收物（特别是废玻璃等低值可回收物）的分类回收是提高垃圾回收利用率的主要抓手。餐饮垃圾的分类收运处理目前已有相对完善的管理体系，开展工作相对容易；家庭厨余垃圾的分类收运处理从零开始，需要投入大量的人力物力，开展工作相对困难；废玻璃的分类回收具有一定基础，开展工作难度适中，但对总回收率提升的贡献相对较小。根据这些情况，可以采取 3 种方案，其具体情形如下。

　　方案一：维持可回收物的现有回收利用率，促进两网融合，实现规范化管理，提升餐饮垃圾处理量而不开展家庭厨余垃圾的分类工作。餐饮垃圾处理规模提升至 2300 t/d，其回收利用率达 80%，此时生活垃圾总回收利用率为 35%，满足国家基本要求。

　　方案二：维持可回收物的现有回收利用率，促进两网融合，实现规范化管理，提升餐饮垃圾处理量至 2300 t/d，并适量分类处理居民厨余垃圾。根据居住区生活垃圾组分调研的情况，家庭厨余垃圾占 58%，居住区生活垃圾总产生量为 14235 t/d，则家庭厨余垃圾产生量为 8256 t/d。全量分类厨余垃圾的负担很重，且终端设施短期内难以跟上。根据项目组 2019 年 6 月对 6 个居民小区的监测，厨余垃圾的分出率已达到了 17.5%。因此，假设深圳市家庭厨余垃圾回收利用率达到 20%，分类处理量达到 1600 t/d，此时厨余垃圾的总回收利用率为 36%，全部生活垃圾的回收利用率达到 41%。除居住区外，一些工作场所也会由于职工带餐、购买外卖产生少量厨余垃圾，然而，在这些地点进行厨余垃圾的单独分类较为复杂，因此适宜按"其他垃圾"类别进行投放，或者交由单位食堂统一按餐饮垃圾收运。

　　方案三：在提高餐饮垃圾、家庭厨余垃圾回收利用率的基础上，增强废玻璃特别是玻璃容器的回收。废弃包装容器的回收一直是发达国家开展生活垃圾管理的重点，例如日本根据颜色将玻璃瓶分为无色、茶色（棕色）和其他 3 类，其回收利用率超过 70%；欧盟的玻璃容器回收利用率超过 73%，其中德国的玻璃容器回收利用率达到 88%。根据采样分析，深圳市居住区生活垃圾中玻璃瓶占 3.8%，即 540 t/d，若能全部回收，则玻璃的整体回收利用率将达到 80% 以上，接近德国的水平；此时，若餐饮垃圾处理量为 2300 t/d，家庭厨余垃圾处理量为 1600 t/d，则生活垃圾总回收利用率为 43%。

　　在上述方案的基础上，随着垃圾分类工作的开展，其他垃圾的回收利用率也会随之增加。例如，大型市场的果蔬垃圾应收尽收，绿化垃圾全部进行土地利用或燃料利用。目前，深圳市居民小区普遍设置了废旧衣物捐赠箱，出路还主要依赖捐赠或出售后的二次使用，若有其他可靠利用途径，其回收利用率还可能上升。上述方案中，方案一投入最小，无须对现有系统进行改动，可以满足垃圾分类的基础要求；方案二重点关注厨余垃圾的回收利用，投入有显著增加，但会减少末端设施处理负担，有利于构建可持续的生活垃圾管理系统，并增加垃圾分类的社会影响；方案三的投入最大，但其环境效益最显著。根据深圳市建设中国特色社会主义先行示范区的定位，适宜采用方案三，使深圳市在生活垃圾管理方面达到国际先进水平。餐饮垃圾、厨余垃圾的适当分离和玻璃的充分回收都不会降低生活垃圾热值，而且对以焚烧为主的末端处理系统具有有利影响。从厨余垃圾处理需求看，目前已有、扩建和计划建设设施的总处理规模约为 2500 t/d，尚不能满足方案三的要求，因此亟须提高厨余垃圾处理能力。对于玻璃容器，政府可对其回收利用企业提供政策支持和适量的财政补贴，明确玻璃生产、销售企业的责任和义务，构建市场化的玻璃循环利用体系。

2.3.2　生活垃圾清运处理收费模式研究

为了促进上述策略的实施，除宣教、督导外，还可以借鉴发达国家普遍采取的计量收费措施。

（1）现行收费模式

2005 年 12 月底，深圳市发展和改革委员会发布的《关于调整完善我市卫生保洁收费政策的通知》（以下简称《通知》）中，提出深圳市卫生保洁费分为住户卫生保洁费、门店卫生保洁费和垃圾清运费 3 种。根据规定，住户卫生保洁费、门店卫生保洁费和垃圾清运费按月计收。深圳市生活垃圾处理费属于行政事业性收费管理，实行政府指导价管理。2017 年 9 月，《深圳市发展和改革委员会关于统一我市居民类生活垃圾处理费计费方式的通知》（深发改〔2017〕1063 号）要求从 2017 年 9 月起，全市居民类生活垃圾处理费统一采用"排污水量折算系数法"计费，即按家庭排污水量计收 0.59 元/m³，从而实现全市居民类生活垃圾处理费征收标准同城同价、原特区内外一致。深圳市生活垃圾处理费用除了上述规定的收费标准外，针对特殊情况还制定了一系列的减免措施和特殊措施。

（2）不同收费模式的比较

根据国际经验，生活垃圾收费制度主要包括 3 种类型：税收方式、直接收费方式和间接收费方式。在确定收费模式的前提下，选择生活垃圾费收缴方式是保障垃圾费收取的关键。表 2.3 为几种典型生活垃圾收费模式的比较。

表 2.3　几种典型生活垃圾收费模式的比较

比较内容	定额收费	计量收费	超量收费	间接收费
收费途径	随物业费、管理费收取或上门收取	依托于计量工具，按实际垃圾排放量收取	一定量范围内固定收费，超过规定则加倍收费	依托其他公用事业收费平台，如自来水、电力等
操作性	较方便	复杂	较为复杂	方便
公平性	没有体现"多排放多付费"，有失公平	体现"污染者付费"和"多排放多付费"	对"污染者付费"和"多排放多付费"具有一定体现	按排污水量间接实现计量收费
管理实施难度	难度较小	难度大	难度较大	难度小
垃圾减量化	无明显减量化	减量化效果较明显	具有一定的减量化效果	减量化效果不明显
收缴率	较低，基本在60%以下	收缴效果需要依托于强制执行手段	较高	高，一般能达到80%以上
居民资源环境意识提高程度	居民资源环境意识不强	居民资源环境意识明显提升	居民具有一定的资源环境意识，对于城市生活垃圾排放能起到一定限制作用	居民垃圾费收取经济刺激作用相对较弱，垃圾收费意识及重视程度不够
收费弊端	收缴成本高、收缴率低、公平性较差	可能存在随意堆放或偷排现象，需要相关配套制度	收费操作较复杂	依托其他平台收费，不能真切感受垃圾成本，敏感度较低
典型代表国家及城市	北京、杭州、厦门、苏州、重庆等	日本、德国、韩国，以及我国台北市、香港、广州（试点）	美国，我国杭州（非居民单位）、北京（非居民单位）等	深圳、中山、惠州、南京、台湾大部分城市等

其中，定额收费制虽然简单易操作，但未根据垃圾排放量收费，这既导致市民缺乏足够的垃圾减量动力，又无益于垃圾源头减量。计量收费制由于收费额度与生活垃圾排放量直接相关，必然使得人们尽量减少垃圾排放量，增加垃圾的回收利用程度，因此能体现公平、合理和环境可持续，但其操作过程相对复杂、运行成本高，而且会引发非法倾倒现象的增加，对监管及执法要求非常高。相比之下，间接收费制在一定程度上是实现了近似按量计费，其收缴率高、收缴成本低、操作过程简单、规范。

根据城市或地区对于生活垃圾收费考核因素的侧重点如收缴率、收缴成本、操作性、减量化和资源化效果、公平性等不同，可选择不同的计费方式及征收方式。同时，我们通过各种组合方式不同指标的比较，对不同指标效果进行赋值打分，最终发现间接计费+委托收缴的方式的综合指标达标效果最好。

（3）计量收费模式与实施路径

优化现有生活垃圾收费模式。深圳市目前的生活垃圾"随水量征收"模式是按近似量收费，虽然针对居民类用户和其他用户分别制定了不同的排污水量折算系数，但收费对象的分类仍存在一定误差，可能造成对部分用户如理发店、洗衣店等多收费，对快餐店、服装店等少收费，存在收费不公平或漏洞现象。因此，建议优化深圳市现有的生活垃圾收费模式：一方面，针对不同收费主体制定差别化收费标准，细化不同类别收费主体的排污系数。另一方面，建议实行阶梯式收费，制定阶梯式收费标准，按基数范围执行不同的收费标准。在一定基数范围内，按一定标准近似计量收费，超出基数范围，则提高费用收取标准。

探索生活垃圾直接"按量计费"模式的实施路径。在优化现有生活垃圾收费制度的基础上，本着生活垃圾分类管理先行先试的理念，可率先探索生活垃圾直接"按量计费"模式。根据"因地制宜、稳步推进"原则，初步将深圳市生活垃圾直接按量计费实施工作路径分为三步：试点阶段、优化阶段、推广阶段。试点阶段主要是在全市范围内选择部分区域开展先行试点，并总结试点效果及工作经验，为后续的推广工作提供可行依据；优化阶段主要是进一步实行按分类类别和分类质量"差别化"收费和"基数范围内外"不同收费标准，不断优化收费工作，保障实施工作的高效性；推广阶段主要是针对不同收费对象，选择不同的生活垃圾计量收费方式，并逐步完善深圳市生活垃圾处理收费配套政策。

深圳市作为全国第一批生活垃圾分类示范城市，随着垃圾分类工作的开展，深圳市实行生活垃圾"按量计费"模式具有明显优势：一方面，深圳市已初步建立生活垃圾分流分类收运处理体系，垃圾分类行业市场化程度高，制定了生活垃圾收费制度，为后续收费制度的完善提供支撑。另一方面，深圳市多年的垃圾分类试点已初步唤醒市民的环保意识，垃圾分类理念已深入人心，为进一步完善生活垃圾收费制度打下坚实的基础。本研究通过对多种生活垃圾收费模式应用情况的比较，优化深圳市现有生活垃圾收费制度，并探索适宜深圳市生活垃圾计量收费模式实施的工作路径。

2.3.3 厨余垃圾资源化管理策略研究

厨余垃圾是生活垃圾分类工作的重点和难点。如何选择厨余垃圾处理模式以实现环境、经济效益的最大化是生活垃圾分类工作中的一个关键问题。本节以回收利用率、碳排放和全周期费用为衡量指标，综合比较了混合焚烧、厌氧消化、好氧堆肥和饲料化4种厨余垃圾处理模式。

（1）资源化技术优先策略研究

不同厨余垃圾处理模式的回收利用率、碳排放量和全周期费用总结在图2.22中。饲料化具有最高的回收利用率，这是由于干热处理最大限度地利用了厨余垃圾有机质。厌氧消化的回收利用率略高于好氧堆肥，这是由于厌氧条件下有机质转化为甲烷，但甲烷利用率较低；而好氧条件下大量有机质被矿化为二氧化碳。与混合焚烧处理相比，厌氧消化系统转化有机质的效率略高，同时无须蒸发水分，而且自用电比例更低，因此具有更高的回收利用率。如果厌氧消化系统有机质降解率降低，则进入沼渣的有机质变多，如果焚烧发电的效率较低，则系统的回收利用率会下降。如果厌氧消化系统不进行沼气发电，而是直接外输沼气或甲烷，则可以避免沼气发电环节的损耗，提高系统的回收利用率。

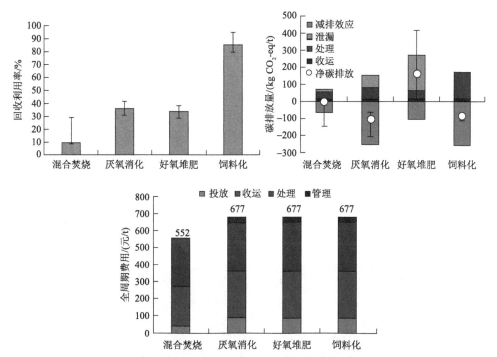

图 2.22 不同厨余垃圾处理模式的回收利用率、碳排放量和全周期费用对比

在厨余垃圾处理过程中，附加碳排放一般不到 50 kg/t，收运过程的碳排放量也相对较小，因此系统热效率、有机质降解率和温室气体泄漏率是影响不同处理模式碳排放量的主要因素。饲料化和厌氧消化具有最好的碳减排效应，而混合焚烧的碳减排效应可忽略不计。好氧堆肥受到温室气体泄漏的影响，会产生较多的碳排放量，当堆肥工艺运行良好，无 CH_4 和 N_2O 排放时，好氧堆肥可产生碳减排效应。

从不同厨余垃圾处理模式的政府支出情况可以看出，混合焚烧的全周期费用最低，而分类处理的全周期费用高出 125 元/t。这主要是由于垃圾分类增加了前端投放督导和宣教监管费用，而且收运费用也略高于混合焚烧。除上述费用外，垃圾收运处理设施也会占用一定的土地，由于占地面积与工艺路线、设计方案有关，同时土地费用差别很大，这里不计入比较。

　　根据前述综合比较分析，虽然分类收集处理的全周期费用较高，但这些费用主要来自垃圾分类工作开始阶段的宣教监管支出，一旦分类体系成熟，这部分费用可以降低乃至取消；另外，厨余垃圾分类具有显著的环境效益，因此厨余垃圾适宜分类处理。在分类体系下，源头减量如光盘行动、源头沥水等措施不需要额外的费用、能耗和材料，也可以显著提升整个系统的表现，因此是最优策略。对于产出的厨余垃圾，在各类处理模式中，饲料化的回收利用率最高且碳减排效应显著。厌氧消化具有较高的回收利用率和最大的碳减排效应，但厌氧消化设施应稳定运行，以保证较高的有机质降解率，否则系统表现会显著下降。好氧堆肥的回收利用率与厌氧消化相当，但在无法确保充分好氧的条件下，会形成 CH_4 和 N_2O 排放，造成较高的碳排放量。相对而言，混合焚烧比好氧堆肥更易控制，可以避免温室气体泄漏。虽然垃圾焚烧余热发电的回收利用率较低，但如果采用热电联产，则可以实现更高的碳减排效应。对于厨余垃圾厌氧消化和其他垃圾焚烧构成的综合处理体系，厨余垃圾分出可以提高其他垃圾的焚烧效率，这符合高含水率、低热值垃圾进行厌氧消化，而低含水率、高热值垃圾进行焚烧处理的理想情形。因此，当新建焚烧设施时，应充分考虑厨余垃圾分出后其他垃圾水分减少、热值上升的情况；而对于已有的焚烧设施，为了保证进炉垃圾热值处于最优范围，进炉垃圾中厨余垃圾含量在 30% 左右为宜。厨余垃圾管理优先策略如图 2.23 所示。

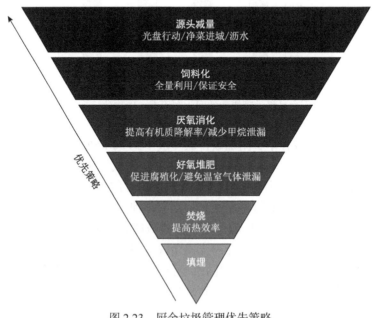

图 2.23　厨余垃圾管理优先策略

（2）深圳市厨余垃圾管理策略

基于深圳市厨余垃圾产生特点，首先应进行餐厨垃圾的分类资源化处理。评估结果表明，两相厌氧消化技术的环境效益、能源效率和经济效益全面优于单相厌氧消化技术。在技术层级，建议深圳市将两相厌氧消化技术作为厨余垃圾处理的主流技术路线，增加厨余垃圾处理设施的消纳能力。餐厨垃圾单独处理模式可避免餐厨垃圾对末端焚烧设施的影响，生活垃圾管理系统的环境效益明显提升。

在餐厨垃圾分出的基础上应开展家庭厨余垃圾的分类利用，有 3 种优化管理策略，包括源头沥水、源头减量和源分离。源头沥水模式是深圳市家庭厨余垃圾管理的最佳优化路径，当家庭厨余垃圾含水率降至 70% 时，系统表现出社会总成本降低 81.8 元/t（生活垃圾，下同），表现为社会净收益 12 元/t；而当其含水率降至 60% 时，生活垃圾管理系统的社会可持续性进一步提高，社会净收益为 45.5 元/t。源头减量（如光盘行动）仅次于源头沥水，减量率为 13% 时，社会总成本降低 21.4 元/t，降至 48.4 元/t；减量率为 31% 时，社会总成本降低 51 元/t，降至 18.8 元/t。在餐厨垃圾单独处理模式的基础上，家庭厨余垃圾源分离会导致社会总成本略微提高，但是在国家大力推行生活垃圾分类的背景下，适度的家庭厨余垃圾源分离能提高生活垃圾管理系统的环境可持续性。在深圳市家庭厨余垃圾含水率为 80% 的情景下，家庭厨余垃圾源分离目标应设置为 20%，此时外部环境收益为 26.3 元/t，社会总成本为 72.5 元/t（图 2.24）。

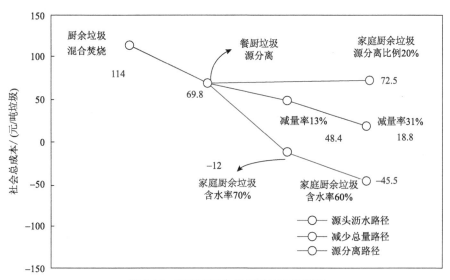

图 2.24　深圳市厨余垃圾管理优化路径

2.3.4   深圳市垃圾分类总体策略研究

在前述基础上，结合深圳市生活垃圾产生量和组分的特点，需要对选择性精准分类体系进行进一步的梳理。

（1）不同组分的管理策略

可回收物目前主要依赖再生资源行业进行处理，但是由于其行业特点，管理较为困难，缺乏基础数据，难以支撑垃圾分类管理。因此，针对可回收物，应重点做好环卫系统和再生资源体系的两网融合，规范回收，厘清其物质流情况，实现有效统计和管理。再生资源体系受市场影响较大，高值可回收物（如金属、高值塑料、纸类、废旧电子电器等）往往具有较高的回收利用率，而玻璃、织物、低值塑料等低值可回收物的回收利用率较低。因此，针对高值可回收物，应规范废品回收站点和从业人员、相关企业的管理，进行处理情况的监控和数据采集，报送两网管理部门，避免不规范处理导致的安全与环境风险；针对低值可回收物，可将其纳入环卫系统，通过财政补贴、税收优惠、回收基金、生产者责任制等政策支持建立回收链条。

厨余垃圾包括家庭厨余垃圾、餐厨垃圾、果蔬垃圾等。餐厨垃圾和果蔬垃圾产生集中且品质较好，易进行资源、能源回收，而且其管理涉及公共食品安全问题。因此，对餐厨垃圾，特别是大中型餐饮单位和菜场、超市产生的餐厨垃圾，应做到应收尽收。家庭厨余垃圾产生源相对分散且品质较差，但其源头分流后有利于末端焚烧或填埋处理，同时具有一定的资源化价值，其生物处理相对于焚烧、填埋具有略好的环境效益。厨余垃圾分类工作需要的社会成本较大（如分类投放与督导），同时处理能力不足，而新建设施又需要一定的周期、大量资金投入和土地资源，因此成为目前分类工作的一个瓶颈问题。针对这一问题，综合考察厨余垃圾处理的环境效益、经济效益和社会效益，应该采取适度分类的策略，使厨余垃圾分类取得最大的综合效益。家庭厨余垃圾管理的具体策略包括：①适度分类，厨余垃圾分类比例在 15%～25% 时，综合效益最优，相应的人均回收量约 0.1 kg/d；②强化减水减量，厨余垃圾源头沥水和光盘行动减少产量则可以显著降低全系统环境负荷。

有害垃圾分类投放后，应按照危险废物进行管理。相对于传统的工业源危险废物，生活源危险废物产生分散、数量少，需要在源头进行一定周期的储存后再进行收运。针对这一特点，可参考低值可回收物的管理方式，由政府向具备资质的社会组织或企业购买服务，将其运至处理企业进行无害化处理。

其他垃圾主要进行焚烧处理和填埋处置，在转运阶段可以进行压榨脱水，减少水分和质量。综上所述，不同组分的管理策略如图 2.25 所示。

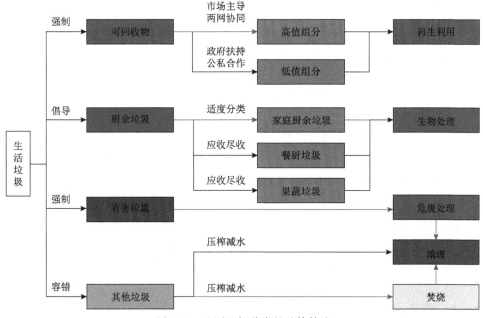

图 2.25　生活垃圾分类的总体策略

（2）生活垃圾分类难点解析

深圳市生活垃圾分类工作取得了很大进展，但也面临如下新的挑战。

1）分类投放督导费用高。"集中分类投放+定时定点督导"模式对于快速推动生活垃圾分类工作开展发挥了巨大作用，但督导成本较高，如何形成可持续、低成本的源头分类促进体系还需要进一步摸索。

2）进入再生资源的垃圾量不清。生活垃圾各组分源头产生量及其未来发展趋势是制定相关政策的科学依据，但目前生活垃圾产生量及各组分数据均为在处理设施进行取样得到的宏观统计结果，管理部门并未掌握各组分源头产生规律，分类收集、运输、处理系统设计存在一定盲目性。特别是玻金塑纸等不同品类的可回收物的源头产生量统计存在较大偏差；快递包装、外卖餐盒等新兴垃圾对垃圾增量的贡献缺乏系统的统计数据，难以科学、合理地设置垃圾分类桶点，难以评估垃圾分类减量的效果和潜力，不利于科学规划垃圾分类收运处理体系。

3）厨余垃圾处理能力不能满足分类处理需求。厨余垃圾分出率不断提升，但处理设施能力目前尚不能完全满足处理需求，特别是集中处理设施。厨余垃圾处理目前主要采用厌氧消化技术，存在周期长、占地大、沼液多的不足，需要进一步开发短程、快速、集成式的厨余垃圾处理技术，在实现更高资源化水平的基础上，真正发挥垃圾分类的环境效益和经济效益。

4）监管体系"碎片化"问题较为突出。目前各类垃圾分类收运处于高度市场化运营状态。市场化的分类收运模式虽然可以适应辖区内各街道的实际情况，较好地完成收运工作；但也存在收运企业单位数量较多，各企业设施设备配置水平不一，主管部门管理对象"碎片化"、管理难度大等问题；全区现有收运设备及监管技术相对传统，缺乏准确、科学、高效的统计和监管手段。如何改变垃圾管理模式以提高收运处理的整体效率是亟待解决的问题。

2.4　生活垃圾源头分类质量提升与保障示范点建设

根据前期调研和建立的垃圾分类模式，项目组在深圳市生活垃圾分类管理事务中心（以下简称分类中心）的支持下，在全市筛选了 120 多家单位开展垃圾分类示范点建设，包括物业小区、城中村、学校、机关企事业单位、公园、宾馆、商业场所、交通站点、市政道路、农贸市场、工业园区、医院、文体旅游场所等。经过近两年的建设，共有 58 家示范点实现了较好的建设效果。

2.4.1　源头分类示范点基本信息

在四分法的基础上，根据不同场所的垃圾产生特性，项目组引导各示范点因地制宜地开展选择性精准分类，并与业主、物业、运营企业等一起引入物联网、人工智能技术强化低成本督导和源头数据采集，开展了多种多样的公众发动工作，同时进行分类成效调查。示范点在垃圾源头分类上形成完整体系，达到较好的垃圾分类效果，包括有效的管理制度、较高的居民参与率、较好的垃圾分类减量效果和良好的环境与氛围等。另外，项目组会对示范点生活垃圾产生规律进行持续跟踪，每季度进行一次书面调查，每次调查持续至少 1 周（7 天）；项目组还会对示范点垃圾组分和性质进行抽样调查，开展精细分析；为各示范点建设单位提供技术指导和基本计量工具。经过建设，最终确定涵盖不同生活垃圾产生源类型的示范点 58 个，并为每个示范点建立了垃圾分类档案。

2.4.2　居住区示范点垃圾分类

住宅小区示范点均进行了楼道撤桶，并合理设置分类投放点和暂存点。住宅小区厨余垃圾平均占比在 50% 以上，是垃圾分类督导和宣传的重点。各小区物业公司均展开了入户宣传、业主微信群及电话宣传、电梯间和投放点宣传等工作，部分示范点还组织了垃圾分类文艺活动，设置资源回收日，对分类良好居民进行奖励，并对乱投放住户进行批评教育。住宅小区示范点垃圾分类的参与率达 90%，准确率达 86%。针对人工督导成本高的问题，心海伽蓝等一批盐田区住宅小区采用了智能垃圾桶模式（图 2.26），而其他住宅小区采用了智能摄像头+普通垃圾桶模式（图 2.27），均可以通过摄像头识别分类行为，智能垃圾桶还可以通过称重系统将分类垃圾量转化为小程序中的个人碳积分。

图 2.26　深圳市智能垃圾桶小区示范点

图 2.27　深圳市城中村垃圾分类投放示范点（含智能监控设备）

除住宅小区外，城中村也是垃圾产生的主要源头，但由于人口流动性大、餐饮店铺混杂，管理难度更大。厨余垃圾在城中村生活垃圾中占比也超过 50%，因此将餐饮食肆的餐厨垃圾分离和加强家庭厨余垃圾分类作为宣教工作的重点。城中村示范点的垃圾分类参与率、准确率分别达到 67% 和 65%。一些城中村将垃圾桶放置在道路中间，既解决了邻避问题，又达到了强化监督效果。与物业小区类似，暗径新村等少数人口密度较小的城中村采用智能垃圾桶的方式进行监督管理，薯田埔村采用了智能摄像头模式。

2.4.3　校园示范点垃圾分类

在校园垃圾分类示范点建设过程中，作者团队协助深圳市生活垃圾分类"蒲公英校园"计划开展，打造"蒲公英名师"工作室，推动了校园垃圾分类工作，建立了校园垃圾分类模式，主要工作包括：牛奶盒回收；以物换物；厨余垃圾堆肥；环保银行活动。

（1）牛奶盒回收

深圳市中小学普遍提供课间奶和午餐奶，产生了大量的牛奶盒，其是校园垃圾的主要成分之一，也是特色成分。作者团队与罗湖区小水滴环境保护中心和深传互动科技有限公司合作，研究打造牛奶盒回收网络体系，如图 2.28 所示。校园负责压扁奶盒、抽出吸管、剪开奶盒、用水刷洗、放回收箱，企业负责信息化统计并将回收奶盒运至工厂处理，同时利乐公司和奶业公司提供物力与财力支持。目前，深圳市牛奶盒回收网络体系已经覆盖了全市 1613 所学校，累计回收 1100 多万个牛奶盒。

图 2.28　项目组支持企业打造的校园牛奶盒回收网络体系

（2）厨余垃圾堆肥

学校利用食堂产生的厨余垃圾进行堆肥，通常堆肥周期在 15～30 天，腐熟的肥料用于校园各类植物，建设生态植物园，如图 2.29 所示。这不仅实现了厨余垃圾的源头减量，还对学生具有良好的实践价值和教育意义。

（a）龙华区行知小学　　　（b）翠北实验小学　　　　（c）梧桐新居幼儿园

图 2.29　不同校园的厨余垃圾堆肥与种植

（3）环保银行活动

为激励师生乃至家长参与各类回收活动，校园引入"深分类"平台开发的"环保银行"（图 2.30），实现回收过程的数据化。通过学校设立环保银行的分支机构，学生自主注册为储户，将可回收物按规范分类整理和投放，完成投放的可回收物将作为碳积分存入环保银行，用于支持环保公益活动。截至 2022 年 11 月，"环保银行"带动了 1742 所学校共同参与，注册账户 244824 个，已回收塑料 120290.49 kg，织物 36295.91 kg，纸类 346706.99 kg，金属 31736.03 kg，玻璃 31584.19 kg，牛奶盒 1869181.00 个，易拉罐 147413.00 个，累计碳积分 1148148。

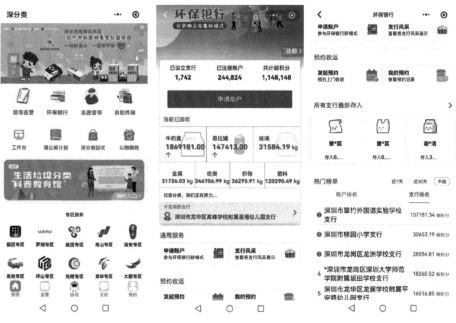

图 2.30　"深分类"小程序及校园"环保银行"

2.4.4 其他示范点垃圾分类

机关企事业单位除在办公区、茶水间等不同区域进行选择性精准分类垃圾桶设置外，重点强调减少一次性物品使用和资源循环利用。大鹏新区城市管理和综合执法局要求工作人员在日常工作中绿色办公、组织光盘行动等。

公园示范点重点开展可回收物和绿化垃圾管理，因此其垃圾主要分为可回收物、绿化垃圾和其他垃圾，部分公园建有食堂和餐馆，设置厨余垃圾分类设施。有条件的园区进行绿化垃圾就地处理，包括原地粉碎、堆肥利用等，大树木枝干暂存收集点由处理企业收集。

宾馆酒店根据不同功能区设置不同的分类设施。浪骑瞻云度假酒店电梯、客房、停车场等各区域配有相应的分类垃圾桶，并设置一处总垃圾资源暂存处，暂存处配备电子地秤，由专人管理并对垃圾进行精细分类；此外，在餐厨垃圾产生区域除分类垃圾桶外还配备油渣分离设施。部分酒店示范点开展"零废弃计划"，减少一次性物品配送，引导到店顾客参与其中。

商业场所日均人流量较大，餐厨垃圾和生活垃圾较多，管理难度与要求高。除普通的分类垃圾桶设置外，商业场所示范点利用商业合作减少垃圾的产生，例如坪山益田假日世界对可回收物实施供应商回收政策，以此减少分拣再回收过程的消耗，同时积极宣传零废弃理念，倡导商铺不向消费者免费提供塑料袋、一次性餐具等。

交通站点客流量大，应适当简化投放要求并保障环境卫生。交通站点示范点主要设置可回收物与其他垃圾的二分类垃圾桶，保洁人员按类别清理后打包投放至市政垃圾投放点。市政道路与之类似，分类垃圾桶不仅接收行人投放的垃圾，还接收周边店铺的生活垃圾。香径西街等示范点主要使用二分类垃圾桶，周边环境卫生由市政保洁公司负责，辖区街道城建办每周开展一次市容环卫检查。

农贸市场商户繁多，产生的果蔬垃圾多，但也有一定的普通生活垃圾。示范点田东市场在市场楼下设置 1 台智能分类投放设备，并配套设置果蔬垃圾暂存点，由深能环保公司收运处理。新桥农贸市场摊位量更大，果蔬垃圾产生量约为 350 kg/d，集中投放后由果蔬垃圾处理企业定时清运。

医院除医疗垃圾外的生活垃圾主要来源于患者就医和住院以及医生职工办公。龙岗区妇幼保健院在门诊部大门入口、住院部门口各放置一组六分类垃圾桶（有害垃圾、玻璃、金属、塑料、废纸和其他垃圾）。在每年至少一次职工、物业等人员垃圾分类知识培训中，全体职工对生活垃圾分类知识的知晓率达 90%以上，参与率达 70%以上。

第3章

生活垃圾分质收运和减量提质系统优化与示范

生活垃圾经源头精准分类后，其他垃圾的中转运输仍然负担较重，需要压缩其体积，减少其水分，进而改善焚烧处理的效果；厨余垃圾中转运输也需要进行压榨脱水，提高收运效率。因此，本章针对生活垃圾分质收运与减量提质需求，介绍次高压分类减量提质设备以及针对不同类型垃圾的减量提质处理工艺，给出工程案例。

3.1 次高压分质收运与减量提质设备

3.1.1 生活垃圾减量提质设备

生活垃圾经源头分流后，剩下的其他垃圾经中转运输。在中转站，其他垃圾进行次高压减量提质（图 3.1），主要工艺流程包括翻斗上料、预压缩、填料、挤压分质、渣质卸料、湿垃圾浆液输送和均质浆化七个步骤。其他垃圾首先经桶装运输车运输至垃圾中转站，然后把垃圾桶推到翻桶架前，通过"翻斗上料"把垃圾倒入设备机体中，再由推料装置进行"预压缩"，将松散垃圾初步压实；分离机构对生活垃圾进行"挤压分质"，挤压过程控制压力、位移、运行速度；分质后的渣质通过"卸料"压入垃圾集装箱中，垃圾集装箱装满后由车厢可卸式垃圾车进行转运；分质后的湿垃圾由"输送泵输送"到次高压分质减量提质浆化处理设备进行"均质浆化"处理，处理完成后的湿垃圾再通过输送泵输送至湿垃圾箱中进行暂存或输送到后续湿垃圾处理设备中。生活垃圾次高压减量提质设备结构示意图如图 3.2 所示。提质后的干垃圾含水率低于 45%，处理能耗低于 10 kW·h/t，压强为 2～6 MPa。

经压榨减量后产生的湿垃圾还可以被进一步加工，便于进行厌氧消化处理。次高压减量提质浆化处理设备（图 3.3）主要由一级浆化主机、二级浆化机、浆化料斗等组成，浆化机对湿垃圾进行均质浆化，使湿垃圾颗粒度降低到 5 mm 以下。湿垃圾通过进料口进入筛筒，通过高速旋转的转轴刮板作用，湿垃圾受到离心力、摩擦力、挤压力等综合作用，沿着筛筒向出口端移动（移动轨迹为螺旋线）。在刮板和筛筒共同作用下,将湿垃圾浆化成浆液和筛上物,大量的浆液从筛筒的网孔中进入料斗,筛上物则向筛筒出口端移动,并从机壳的排料口排出,从而实现湿垃圾的浆化、提质。

图 3.1　生活垃圾次高压减量提质设备实物图

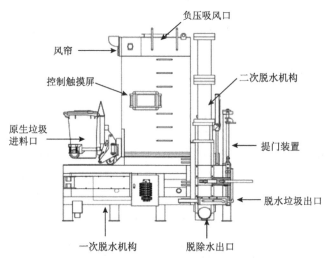

图 3.2　生活垃圾次高压减量提质设备结构示意图

图 3.3　次高压减量提质浆化处理设备

3.1.2　果蔬垃圾减量提质设备

在生活垃圾源头分流后，果蔬垃圾也需要单独收运、处理。在前述减量提质设备的基础上，采用"破碎+螺旋挤压"工艺进行果蔬垃圾减量提质。设备采用连杆机构提升进料，使用高速螺旋挤压筛分技术进行压榨分质。整套设备由上料机构、进料斗、处理主机、电气控制系统、液压动力系统、干渣输送等部分组成（图3.4）。调节挤压压力，可以实现果蔬垃圾减量85%以上，减容90%以上，将湿垃圾平均粒径减小至 5 mm 以下，并剔除对后续资源化处理过程无用的杂质。

图 3.4　果蔬垃圾次高压减量提质设备

3.1.3　配套设备与处理系统

（1）智能调控优化系统

设备运行的时间周期是固定的。在适当条件下，可以增加单个周期的垃圾进料量，从而提高处理效率。上料预压缩油缸运行有实时位移检测，在工控机上可以在一个区间里调节该油缸后退的位移量，从而调整处理效率和减量效果。除了调节上料预压缩过程，还可以调整二次压缩的压力，根据挤压压力、时间与垃圾减量率的关系曲线改变减量程度和处理效率。根据产物含水率、运行工况等参数，可以利用自控系统修正挤压压力和时间，从而降低设备能耗。

（2）配套臭气处理系统

在垃圾处理过程中会产生臭气，需要配置复合处理系统（图3.5）。在垃圾卸料口位置上方设置带隔滤装置的集气罩和风管进行臭气收集，然后利用后端的离心风机将臭气引至处理设备。在处理设备中，大部分臭味物质在生物除臭塔中被降解；残余的污染物继续在催化氧化反应器中发生氧化分解，分解为无臭产物并通过最后的活性淋洗塔截留。

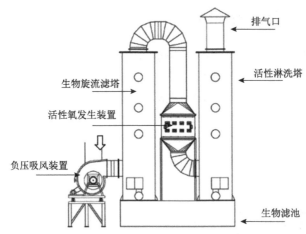

图 3.5　垃圾减量提质设备的配套负压除臭系统

3.2　次高压分质收运与减量提质工程应用

深圳利用次高压减量提质技术建立了多个其他垃圾、家庭厨余垃圾和果蔬垃圾的转运站，用于实现高效率的分质收运。

3.2.1　浪花北路垃圾转运站

浪花北路垃圾转运站（图 3.6）位于龙华区大浪街道浪花路与郎宁路交叉口处，升级改造占地面积约 166 m²，设计处理量 200 t/d。浪花北路垃圾转运站采用次高压减量提质处理系统，主要设备清单如表 3.1 所示，处理对象为其他垃圾。浪花北路垃圾转运站自 2020 年 7 月投入运行，平均每天进场垃圾量约 20 t，减量率最大达 30%。

图 3.6　浪花北路垃圾转运站

表 3.1　浪花北路垃圾转运站主要设备清单

序号	名称	参数	数量	单位
1	次高压分质减量设备	SSP10A；4～8 MPa，可调	2	套
2	中央控制系统		1	套
3	负压除臭系统	处理量：8000 m³/h	1	套
4	雾化除臭系统		1	套
5	视频监控	出入口、中控及处理车间	1	套
6	干垃圾转运箱	16 m³	2	个
7	湿垃圾箱	12 m³	2	套

3.2.2　福凤垃圾转运站

福凤垃圾转运站位于宝安区福永街道福凤路，占地面积约 550 m²，设计处理量 200 t/d，负责宝安 400 多个住宅小区厨余垃圾的预处理和转运（图 3.7）。该转运站由次高压减量提质系统、惰质化处理系统和污水处理系统组成（表 3.2）。福凤垃圾转运站自 2020 年 8 月起正式运行，平均每天收集进场厨余垃圾约 110 t，减量率最大达 77%。2020 年 8 月 1 日～10 月 31 日，福凤垃圾转运站减量提质处理系统共处理厨余垃圾 7203.6 t，总耗电量 38624.48 kW·h，单日最高单位处理能耗 6.72 kW·h/t，单日最低单位处理能耗 4.29 kW·h/t，平均单位处理能耗 5.45 kW·h/t（图 3.8）。

图 3.7　福凤垃圾转运站示范工程

表 3.2　福凤垃圾转运站主要设备清单

序号	名称	参数	数量	单位
1	次高压减量提质设备	SSP10A；4～8 MPa，可调	2	套

序号	名称	参数	数量	单位
2	湿垃圾浆化系统	JH12 试制样机；粒径≤5 mm	1	套
3	干垃圾转运箱	16 m³	2	个
4	负压除臭系统		1	套
5	雾化除臭系统		1	套
6	智慧管理平台	监控、视频、网络等	1	套
7	地磅	3×8 m，±5 kg，与业主联网	1	台
8	消防设备	符合消防规范要求	1	套

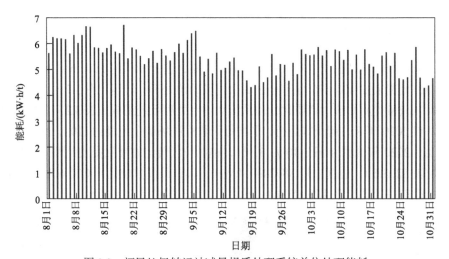

图 3.8　福凤垃圾转运站减量提质处理系统单位处理能耗

3.2.3　宝城垃圾转运站

宝城垃圾转运站示范工程位于宝安区西乡街道宝源路（西湾公园旁），占地面积约 15100 m²，总建筑面积约 6900 m²，处理车间 300 m²，设计家庭厨余垃圾处理量 200 t/d（图 3.9）。该转运站主要由压榨预处理系统和湿垃圾处理系统组成（表 3.3）。该转运站自 2021 年 8 月起正式运行，处理量最大达 210.66 t/d，最小为 64.8 t/d，平均为 142.33 t/d；减量率最大达 72.89%，最小为 43.33%，平均为 63.47%（图 3.10）。

图 3.9   宝城垃圾转运站

表 3.3   宝城垃圾转运站主要设备清单

序号	名称	参数	数量	单位
1	次高压分质减量设备	SSP10B；4～8 MPa，可调	2	套
2	湿垃圾浆化系统	粒径≤5 mm	4	套
3	干垃圾转运箱	16 m³	2	个
4	湿垃圾处理系统	设计处理量：360 t/d	1	套
5	负压除臭系统		3	套
6	雾化除臭系统		5	套
7	干垃圾转运车辆	25 t 勾臂车、箱体 RFID 卡	3	辆
8	充电桩		2	套
9	地磅	3×11 m，±5 kg，与业主联网	1	台
10	视频监控	出入口、进出料口及处理车间	1	套
11	消防设备	符合消防规范要求	1	套

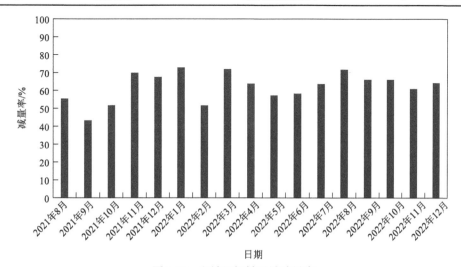

图 3.10   宝城垃圾转运站减量率

　　宝城垃圾转运站还包括果蔬垃圾处理车间（图3.11），占地面积约600 m²，设计处理量120 t/d。设备包括果蔬垃圾处理机、果蔬垃圾辅助上料装置等（表3.4）。该项目自2021年3月起正式运行，每天收集进场果蔬垃圾量约128.9 t，平均减量率为80.15%。

图3.11　宝城果蔬垃圾减量化处理工程

表3.4　宝城果蔬垃圾减量处理转运站主要设备清单

序号	名称	参数	数量	单位	备注
1	果蔬垃圾处理机	SSP05G	5	套	
2	果蔬垃圾辅助上料装置		3	套	配套设备

第 4 章

有机垃圾和再生资源利用园区循环化改造研究与示范

大件垃圾与再生资源回收效率低、有机垃圾处理效率较低及各处理设施缺乏有机衔接、消纳能力不足是目前园区垃圾分类处理面临的主要问题，面向补齐低值可回收物再生利用与有机垃圾处理短板的重大需求，本章基于深圳市现有环境园区，分析深圳市大件垃圾高效拆解分选技术、有机垃圾协同处理设施扩能增效技术，开展有机垃圾协同处理、大件垃圾处理等工程示范的研发与改造，制定并评估园区物质能量循环化改造方案。

4.1   大件垃圾高效拆解分选技术与设备研发

目前，在全国大力推行垃圾分类的情况下，大件垃圾成为其中不容忽视的一类。据统计，城市大件废物的总量占生活垃圾总量的 3%～5%。现有大件垃圾全自动化处置体系的终端以焚烧处理为主，虽然可以实现一定程度的能源回收，但一方面会加剧焚烧处理的压力，另一方面不利于控制碳排放。在"双碳"要求的新形势下，资源的最大化回收再利用是对大件垃圾处置的必然要求。

4.1.1   深圳市大件垃圾处理现状与挑战

本书项目研究立足深圳市郁南环境园，收集并分析了 2019 年 5～11 月的每日大件垃圾处理数据，并将其分为床、床垫、桌、椅四大类，结果如图 4.1 所示。

该大件垃圾处理点日处理结果表明，与常规生活垃圾不同，大件垃圾中各组成占比较为稳定，主要组成占比随季节变化较小。床类废弃物在 5～6 月的每日处理量略高于其他月份，超过了 20%，之后 7～11 月的处理量则在 10%～15% 波动；桌类废弃物占比最小，约为 10%，桌类废弃物的处理量与季节存在一定的关系，说明在春夏季（5～6 月）废弃量较低；床垫类大件垃圾处理量较为稳定，约占 20%；椅类在四类废弃物中占比最高，超过 50%。

对于综合的大件垃圾处理，其处理流程为人工拆解、板式输送机、全量破碎、磁选除铁和转运。图 4.2 为处理点现场图片。废旧家具由运输车辆运至厂区后，对收运来的大件垃圾按照床、床垫、桌、椅进行人工分类和拆解，在粗碎车间通过双轴撕碎机将其进一步破碎成粗料。破碎后的物料经过磁选机，利用磁力作用将其中的金属组分分离。最后，分离出木质、金属、海绵、床网、残余物五大类组分，再分别转运至各自的回收点进行资源化利用。

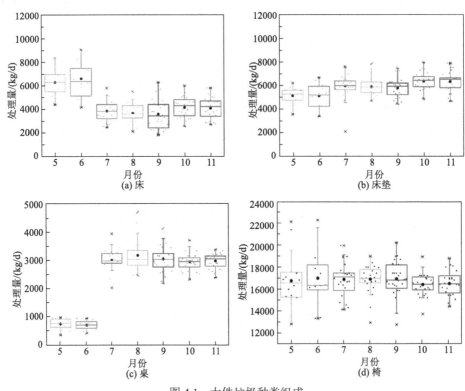

(a) 床　　　　(b) 床垫

(c) 桌　　　　(d) 椅

图 4.1　大件垃圾种类组成

（a）人工拆解

（b）全量破碎

（c）海绵　　　　　　　　　　　　　（d）床网

图 4.2　大件垃圾处理点现场图片

　　对拆解后组分及其去向同样进行了持续调查，结果如图 4.3 所示。拆解后的木质组分主要用作生物质发电公司的燃料供给，床网类运送到资源回收站之后按照材质再次分类制作为再生塑料和金属制品，海绵可以重新加工成再生海绵，金属类通过炼造后成为新的金属制品，残余物会进入垃圾焚烧或填埋终端处理。整体而言，目前拆解后各类物料的利用符合国家能源政策，但是再生制品品质不高，公众接受程度较低，资源化利用效果有进一步提高的潜力。因此，可以通过工艺升级改造对大件垃圾进行更细致的拆解，以获得纯净的再生资源组分，从而提高再生产品的质量；另外，大件垃圾的处理模式比较简单，拆解分选不够完全，产生的残余物较多。

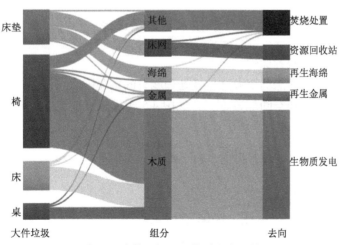

图 4.3　大件垃圾处理物质流向现状

　　根据深圳统计年鉴，深圳市废旧家具收运量在 2018 年时约为 970 t/d，而在 2020 年，深圳市废旧家具收运量增加到了 1148 t/d。深圳市对大件垃圾的处理主要为焚烧处置，专项处理能力远远不足。按照深圳市原有的专项处理工艺（图 4.4），在保证拆解后产物可以满足回收利用品质要求的条件下（回收率达到 80%），单机处理量约为 30 t/d，峰值为 40 t/d。不可回收利用部分完全由人工初拆阶段进行分离处理，处理效率主要受工人数量、熟练程度等因素制约，且品质不稳定。因此，需要通过优化改进现有的拆解设备，实现自动化拆解。对于不规则的其他类型废弃物，主要通过优化拆解工艺提高拆解效率。大件垃圾拆解后的木质物料并非纯净的生物质原料，而是通过添加胶黏剂、涂刷油漆等工序之后制成的材料。因此，需要分析在复合条件下木质废弃物与表面覆层之间的相互作用对热解特性及其产物的影响，同时探讨降低污染物排放的可行方法。

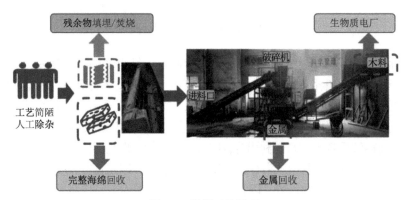

图 4.4   常规工艺体系

4.1.2   大件垃圾高效拆解分选技术与设备改造

（1）拆解空间配置优化

空间因素是制约深圳市大件垃圾处理能力的重要因素。针对空间不足的问题，采用新的工艺流程和空间配置方案，如图 4.5 所示。该系统重新规划了拆解工艺

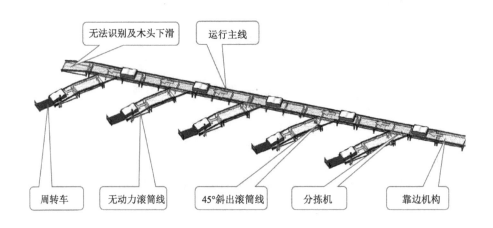

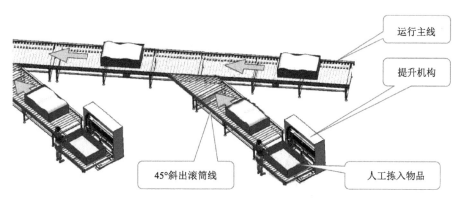

图 4.5　新型智能分拣方案

的空间分布，并且通过优化传送系统，提高物料处理能力。

（2）破碎设备优化改进

拆解设备全面采用自行优化的双轴撕碎机（图 4.6），以适应沙发、床垫、木材等大件垃圾的破碎。撕碎机采用动刀、定刀配合双轴运行，其中动刀采用瑞典全球性钢铁公司 SSAB 生产的 HARDO×600 耐磨板，硬度值达到 600 HBW，具有极高的冲击韧性，特别适合极端磨损场合。定刀采用昊瑞定刀独立快速拆装技术，确保定刀与动刀是小间隙配合的结构，可以有效防止物料缠绕刀轴，消除死角不堵料，无须清理，减少人工成本及工人劳动强度。

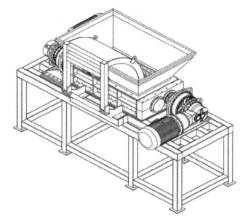

图 4.6　双轴撕碎机

（3）半自动沙发拆解台研发

废旧沙发是大件垃圾的主要组成部分，其尺寸、形状、质量复杂多变，传统的人工地面/平台拆解不仅效率低，而且由于沙发与平台的摩擦力较大，拆解过程的翻转搬运等对工人体力、身体损耗较大，因此将常规的大件物料拆解台改进为半自动化拆解台（图4.7），通过对台面高度的调节，一方面可以满足不同身高的工人上料和拆解的需求，另一方面可以方便对不同高度位置进行拆解工作；另外，通过对拱度的调节，可以实现各类工作需求。

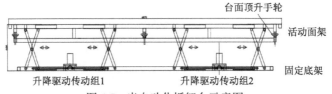

图 4.7　半自动化拆解台示意图

（4）3D 分选系统联合

沙发类废弃物是需要进行破碎拆解的主要复杂物料，具有形状无规则、尺寸不统一、组成原料多样化等特点，通过在人工初拆的基础上采用 3D 分选机（图4.8），保证物料的资源化利用率。

图 4.8　3D 分选机及出料图

提高大件垃圾资源化率的重点在于木质组分的利用。常规的生物质能源利用对杂质要求比较高，尤其在生物质电厂中，皮革、布料、海绵等杂质容易造成炉渣结焦、燃烧器堵塞等问题，一般要求杂质含量不能超过 10%，部分电厂要求甚至低于 5%，因此需要严格把控出料的品质。如图4.9 所示，通过系统优化前后对比可以发现，新旧系统的主要差异在于杂质部分去除的工艺：旧体系中杂质主要通过人工拆解去除，新体系通过分选设备自动化去除。

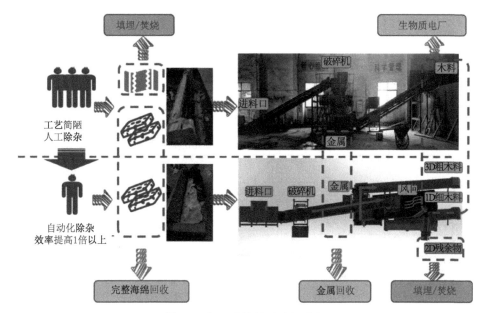

图 4.9 新旧系统处理过程对比

4.1.3 大件垃圾高效拆解分选示范工程

深圳市盘龙环境技术有限公司负责大件垃圾及重点再生资源回收利用示范工程。该示范点在 2018 年的大件垃圾及重点再生资源回收利用处理规模为 30 t/d，示范工程大件垃圾及重点再生资源资源化率约 50%。目前大件垃圾处理点位已经扩展到深圳市 5 个行政区域（宝安区、龙华区、南山区、福田区及光明区），日处理量稳定超过 300 t，半年内平均日处理量为 430 t，峰值超过 500 t。

以宝安区石岩大件垃圾处理点建设为例。大件垃圾处理示范工程运行流程如图 4.10 所示，示范工程设备如图 4.11。针对石岩已有的大件车间废旧家具处理工艺进行研发设计和升级改造，根据现有厂房使用面积和运行工况，确定"机械破碎—3D 分选—资源化利用"的工艺路线及相关设备。设计选型合理，符合相关国家标准和行业规范，系统运行稳定，有效地提高了资源化利用率。

工艺上在原有人工粗拆沙发表面皮革、海绵之后，将木质框架由人工投入双轴撕碎机进行破碎，磁选除铁后，木屑料运往电厂焚烧，大块海绵在设备压缩打包的基础上，新增设计了 3D 分选系统，配合自主研发的沙发拆解台、电脑椅拆解台等辅助工装的应用，将原有的地面拆解升级为台面拆解，在保证木屑料的含杂率满足电厂焚烧要求的基础上，可较大限度地减少拆解人工的数量，降低人工成本；提高拆解效率，降低工人劳动强度，将原有的劳动密集型工厂逐步升级为半自动化的现代化垃圾分选工厂。

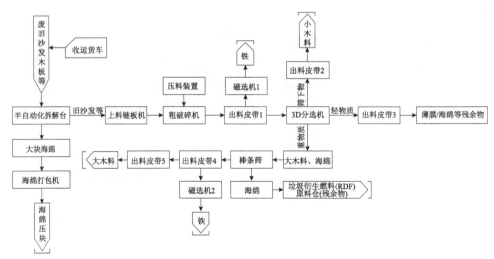

图 4.10　大件垃圾处理示范工程运行流程

图 4.11　示范工程设备

经过为期半年以上的现场测验和投产运行，系统运作良好。新型大件垃圾拆解分选系统单机额定处理能力为 60 t/d。无人工拆解时资源化率约 75%；人工简单拆解时资源化率为 82%，此时可实现拆解设备的额定负荷运行；人工精细拆解时资源化率约 85%。综合而言，在改进后的大件垃圾处理系统中，采用新型的大件垃圾拆解分选设备配合人工简单拆解，可以实现资源化率>80%。

4.1.4　大件垃圾拆解物料高效资源化利用技术研究

拆解后的木质物料含有多种杂质，这些组分在热解过程中表现不同，进而影响污染物排放和资源化利用水平。因此，需要在大件垃圾高效拆解的基础上开展大件垃圾热解技术研究，为大件垃圾资源化利用提供技术支持。

图 4.12 是大件垃圾不同拆解组分的热解热重（TG）分析图，由图 4.12 可以看出，大件垃圾不同拆解组分的热解特性有明显差异，木质类组分（实木、实木漆、板材、复合板材）的热解过程表现较为接近，其中实木和实木漆的最大热解速率基本在 385℃ 左右，板材、复合板材的最大热解速率分别在 370℃、355℃；布料、皮革和海绵的最大热解速率分别在 440℃、350℃ 和 390℃。海绵在热解过程中出现了 3 次明显的质量下降，表明海绵在热解过程中出现了三类不同组分的分解。同时，与其他成分相比，布料需要更高的热解温度，因此在进行混合热解时，为了保证所有物料都热解，需要适当提高整体的反应温度，从而也会增加系统的处理成本。

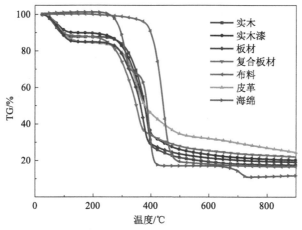

图 4.12　大件垃圾不同拆解组分的热解热重分析图

图 4.13 为不同拆解组分热解产物分布图，在热解过程中，由于没有其他物质和气体参与反应，可以通过产物的质量对产物分布进行统一分析。可以发现，在 550℃ 条件下，热解产物以生物油为主，在各种物质的热解产物中其产量均超过 50%，其中实木、板材、复合板材等木质组分的生物油产量达到了 70%。气、炭、油三类热解物质中热解炭产量占比在 15%～35%，其中，布料生成的热解炭最少为 15%，实木、实木漆、板材相近（为 20% 左右），复合板材稍高（为 28%），皮革和海绵产生的热解炭最多（接近 35%），这主要与不同拆解组分中的灰分含量相关。同时可以看出，热解对大件垃圾拆解组分具有很好的减量效果。

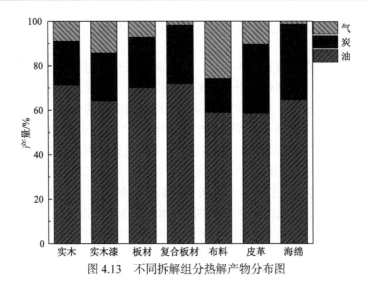

图 4.13　不同拆解组分热解产物分布图

　　图 4.14 是通过滤膜收集的几种拆解组分热解产生的颗粒物照片,颗粒物的收集主要通过在热解装置反应器后加装滤膜夹,滤膜夹内放置滤膜进行。由图 4.14 可知,实木、实木漆、板材和复合板材这几种以木质为主的原料,颗粒物颜色相似;布料的颗粒物颜色在所有拆解组分中最浅,海绵的颗粒物颜色更偏向于黄色,皮革的颗粒物颜色为浅褐色。通过对反应前后的滤膜进行称重可以得到颗粒物产率情况,实木、实木漆、板材、复合板材、海绵、布料、皮革热解的颗粒物产率分别为 17.07%、21.73%、19.70%、15.60%、32.25%、24.66%、2.96%。由此结果可以看出,以木质为主要原料的物质产生的颗粒物相对较少。其中,实木漆热解的颗粒物产率最高,这可能与木质表面的漆料涂层有关。布料热解的颗粒物产率稍高于这四类以木质为主要原料的物质,而海绵热解的颗粒物产率在所有种类物质中为最高,说明热解海绵时需要着重考虑颗粒物的控制与排放。相反,皮革热解的颗粒物产率仅为 2.96%,相对其他物质而言颗粒物产率很小。

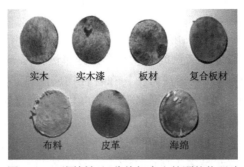

图 4.14　不同拆解组分热解产生的颗粒物照片

4.2　有机垃圾协同高效厌氧消化技术与设备

随着生活垃圾分类工作的推进，深圳市厨余垃圾分出量逐年增加。深圳市利赛环保科技有限公司投资运营的"深圳市城市生物质垃圾处置工程项目"是龙华区厨余垃圾（含餐厨垃圾等）特许经营项目，采用厌氧消化技术。该项目机械化程度低，缺乏除油设施和沼液缓冲罐，产生的沼渣未进行资源化处置。针对厨余垃圾处理能力不足、处理效率不高及沼渣处理困难等问题，作者团队研发了有机垃圾协同高效厌氧消化技术与配套设备，对上述处理系统进行了技术改造，实现了系统扩能和增效。

4.2.1　厨余垃圾处理现状与挑战

深圳市利赛环保科技有限公司位于深圳市龙岗区布吉街道郁南环境园，主体工程建筑物包括预处理车间、脱水车间、沼气提纯车间、循环水泵房、锅炉房、应急处理场以及生产附属设施（包括综合楼、中控楼、化验楼、给水泵房及水池等）。设施于 2017 年竣工并正式运行，主要负责接收并处理深圳市龙华区、福田区的餐厨垃圾，选用"人工预处理→厌氧→沼液离心脱水/板框脱水"组合工艺，如图 4.15 所示。据统计，2018 年利赛环保科技有限公司处理的生物质垃圾超过15 万 t，但仍然无法满足深圳市日益增长的有机垃圾处理需求。

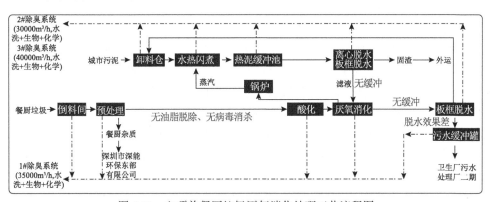

图 4.15　立项前餐厨垃圾厌氧消化处理工艺流程图

4.2.2　厨余垃圾厌氧消化技术与设备改造

（1）厨余垃圾厌氧消化系统扩能

原有的"人工预处理→厌氧→沼液离心脱水/板框脱水"组合工艺处理能力有

限，项目通过研究对其进行扩能改造，使其处理能力达到 550 t/d。

增加预处理。采用"调配除砂+制浆（湿式分选浆化）+除杂"工艺对厨余垃圾进行预处理，固相物料送至沼渣深度脱水系统，液相物料进入脱油系统。预处理系统主要包括卸料储料、调配除砂、分选制浆等主要步骤，配置两套同规格预处理设备。预处理系统主要设备处理效率约为 25 t/h，总处理能力达到 700 t/d。新建两座卸料仓，有效容积为 55 m^3，可储存厨余垃圾 46.2 t。此外，设施配置有应急预处理线，保障了设施的持续运行。

优化升温脱油。厨余垃圾进行分选制浆后，需要对浆料进行升温灭活，以杀灭非洲猪瘟病毒，同时分离油脂，实现油、渣、浆料的三相分离，以避免油脂在厌氧消化过程中造成的堵塞管路和降低沼液脱水效果等问题。目前，该工程已采取加热和三相分离方法进行除油，实现了工艺升级。湿热水解实验结果显示，最佳预处理反应条件为温度 120℃，保温时间为 30 min。经过湿热水解处理后，餐厨垃圾中油脂分离效果明显改善，湿热水解处理后餐厨垃圾中油脂回收率可达到 3%以上，回收的废油脂可用于炼制生物柴油。

新建沼液缓冲罐。在现有的厌氧消化处理工艺中，包括 2 座酸化罐和 6 座厌氧罐。酸化罐单个罐体的有效容积为 779 m^3，浆料停留时间为 2～3 天。厌氧罐分为两组，每组厌氧罐的进料、出料及事故应急排放管道互相连通，能满足 3 个厌氧罐同时或单独进料，每个厌氧罐的有效容积为 2500 m^3，厌氧罐中浆料停留时间为 20 天。新建沼液缓冲罐 1 座，容积为 790 m^3，可缓存厌氧处理系统 1 天的出料量，提高设施整体处理效率。

（2）厨余垃圾厌氧消化系统增效

根据厨余垃圾的特点，以及厨余垃圾在降解过程中受到多种因素影响，为提高其厌氧消化效率，分别从添加铁材料和调节厌氧消化系统因素进行研究。

添加铁材料强化厨余垃圾有机物降解。选用不同浓度的纳米零价铁（nZVI）、纳米三氧化二铁（nFe_2O_3）和纳米四氧化三铁（nFe_3O_4）促进厨余垃圾降解。添加不同的铁纳米颗粒后，反应器的水解率（HR）和产酸转化率（CR）的变化如表 4.1 所示。在第一阶段，4 个反应器的性能保持一致，最高的水解率为 34.86%，选择该反应器作为对照组，在 140 天的实验过程中，水解率为 40.14%±2.90%，产酸转化率为 15.14%±2.77%。在 50 mg/（$L_{fed}·d$）和 100 mg/（$L_{fed}·d$）的投加量条件下，nZVI 反应器的水解率与对照组相似，两组之间的 HR 没有显著性差异（$P>0.05$），当剂量增加到 200 mg/（$L_{fed}·d$）时，nZVI 开始展现对有机物的明显促进作用（$P<0.05$），并在投加量为 500 mg/（$L_{fed}·d$）时获得最大水解率，比对照组提高 14%。随着剂量从 50 mg/（$L_{fed}·d$）增加到 500 mg/（$L_{fed}·d$）的 4 个阶段中，nZVI 组不溶性碳水化合物的溶出率分别为 55.79%、83.20%、68.60%和 61.98%。nFe_2O_3 在 50～200 mg/（$L_{fed}·d$）投加量条件下，水解率比对照组显著提高（$P<0.01$），

表明 nFe_2O_3 可以促进餐厨垃圾水解。当剂量分别为 50 mg/（L_{fed}·d）、100 mg/（L_{fed}·d）和 200 mg/（L_{fed}·d）时，水解率分别是对照组的 1.14 倍、1.07 倍和 1.1 倍，但当剂量增加到 500 mg/（L_{fed}·d）时，水解率开始下降。

表 4.1　不同投加量条件下四个反应器的水解率及产酸转化率　　　（单位：%）

阶段	投加量 [mg/(L_{fed}·d)]	指标	nZVI	nFe_2O_3	nFe_3O_4	对照组
1	0	HR	30.63±1.24	30.45±3.25	30.53±0.04	34.86±0.19
		CR	12.87±1.40	16.60±1.21	11.29±0.80	10.57±0.27
2	50	HR	40.85±1.87	45.17±1.63	37.53±2.17	39.68±1.86
		CR	30.30±2.83	31.31±1.57	25.07±3.52	17.04±2.71
3	100	HR	40.45±1.44	43.05±1.84	33.72±2.03	40.19±1.43
		CR	28.13±1.34	33.55±4.89	20.29±3.24	13.53±1.65
4	200	HR	43.97±2.35	46.99±3.14	36.22±2.46	42.44±1.60
		CR	32.47±1.72	28.44±4.04	16.43±0.79	16.53±2.61
5	500	HR	44.83±2.28	42.64±4.38	—	39.33±3.91
		CR	33.81±1.78	21.18±3.53	—	14.23±1.20

碳水化合物和蛋白质是餐厨垃圾的主要成分，分别占总固体（TS）含量的 66.16%～79.9% 和 16.5%～17.78%。在发酵过程中，不溶性复杂有机物首先转化为可溶性有机物，其次水解为小分子单体，最后产生有机酸和醇类。总碳水化合物的形式包括不溶性、可溶性和转化为发酵产物的部分。测定了每个反应器中原料的总碳水化合物量以及可溶性和不溶性的碳水化合物量，并根据质量守恒定律，获得转化为发酵产物的碳水化合物。图 4.16 显示了在不同剂量条件下 4 个反应器中碳水化合物的各种存在形式和比例。nZVI、nFe_2O_3 和 nFe_3O_4 反应器中碳水化合物的不溶部分少于对照组反应器，因此这 3 种纳米铁颗粒可以促进不溶性碳水化合物的溶解。

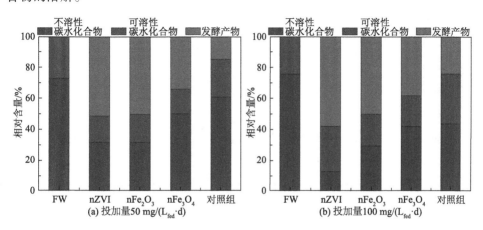

(a) 投加量 50 mg/(L_{fed}·d)　　(b) 投加量 100 mg/(L_{fed}·d)

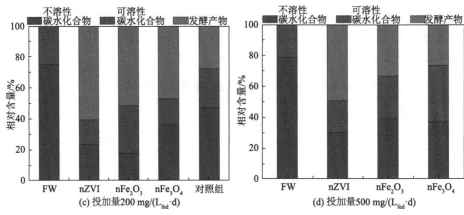

图 4.16　不同投加量条件下各反应中碳水化合物分布
FW 表示餐厨垃圾

图 4.17 显示了 4 个反应器中发酵产物的变化。在对照组反应器的 140 天中，

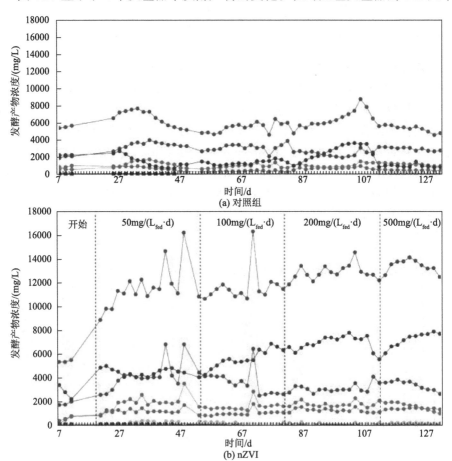

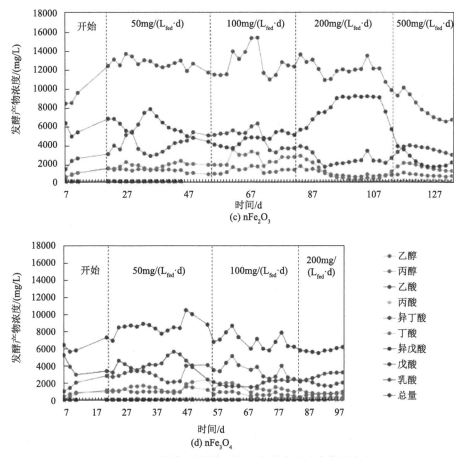

图 4.17 不同投加量条件下各反应器中发酵产物的变化

产物的组成相对稳定，主要为乙醇、丙醇、乙酸和乳酸，全过程的平均浓度分别为（489.23±208.67）mg/L、（975.33±289.18）mg/L、（2849.67±531.35）mg/L和（1583.46±830.97）mg/L。总体而言，乙酸比例最大，其次是乳酸，主要发酵途径为异型乳酸发酵。

在 nZVI 反应器中，主要发酵产物也为乙醇、丙醇、乙酸和乳酸。nZVI 明显促进了发酵产物的形成，4 个阶段总发酵产物浓度分别增加了 80.43%、114.57%、99.43%和153.89%。在 50 mg/（L_{fed}·d）的投加量条件下，乙酸浓度为（4092.83±1192.05）mg/L，与乳酸浓度 [（4411.97±314.41）mg/L]相近。随着 nZVI 剂量的增加，乙酸浓度有所下降，但乳酸浓度呈上升趋势，在 500 mg/（L_{fed}·d）阶段的后期，乳酸浓度最高，为（7664.2±142.17）mg/L，占总发酵产物浓度的 57.16%。因此，nZVI的添加为乳酸发酵提供了还原力，从而促进了丙酮酸向乳酸的转化。

添加 nFe_2O_3 增加了总发酵产物浓度，但是当剂量达到 500 mg/（L_{fed}·d）时，总发酵产物浓度急剧下降至 6000 mg/L。乳酸和乙酸浓度的变化呈现相反的趋势。在 200 mg/（L_{fed}·d）投加量的后期，乳酸浓度达到峰值，为（8912.69±74.21）mg/L（0.76 g/g VS_{fed}），占发酵产物总量的 74.39%，为同时期对照反应器的 2.72 倍。在此研究中，添加 nFe_2O_3 可获得更高的乳酸浓度，因此添加适当的 nFe_2O_3 可以作为餐厨垃圾乳酸发酵的有效策略。

探究 pH 对餐厨垃圾水解产物类型的影响。对单相系统与两相系统（控制酸化相 pH，不控制酸化相 pH）进行了系统解析（图 4.18）。结果显示，pH 会影响餐厨垃圾厌氧发酵的发酵类型。当 pH 为 3.2～4.5 时，发酵类型均为乳酸发酵，产物主要包括乳酸、乙醇、乙酸；其中，当 pH 为 3.2～4.2 时，乳酸杆菌属（*Lactobacillus*）相对丰度在 90%以上，且以同型乳酸发酵为主，气体产物只有 CO_2；当 pH 为 4.5 时，双歧杆菌属（*Bifidobacterium*）的相对丰度增加至 25.4%，异型乳酸发酵增强，发酵过程伴随 H_2 产生；当 pH 为 4.7～5.0 时，发酵类型为丁酸发酵，巨球型菌属（*Megasphaera*）和一些产氢菌的相对丰度增加；当 pH 为 6.0 时，发酵类型为混酸发酵，普雷沃氏菌属（*Prevotella*）和 *Megasphaera* 为优势菌，相对丰度分别为 57.5%和 27.5%。

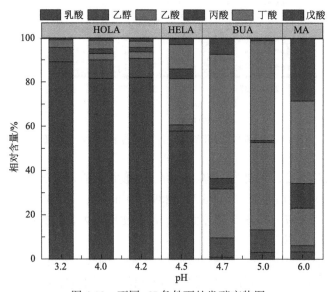

图 4.18　不同 pH 条件下的发酵产物图

HOLA 表示乳酸发酵；HELA 表示异型乳酸发酵；BUA 表示丁酸发酵；MA 表示混酸发酵

表 4.2 显示餐厨垃圾在 pH 为 4.5 和 6.0 的条件发酵时有较高的水解率，分别为 50.3%和 47.8%。未调节时，pH 会随产酸过程自动降至 4.0 以下，系统呈现乳酸发酵，水解率仅为 30.1%。不同的酸发酵类型会导致不同的甲烷转化潜力，酸化处理明显提高了餐厨垃圾的酸化率，缩短了能量回收周期。

表 4.2　不同 pH 条件下发酵产物的相对含量及水解率、酸化率　（单位：%）

项目	pH						
	3.2	4.0	4.2	4.5	4.7	5.0	6.0
乳酸	86.4	80.5	81	56.7	2.9	6.1	2.4
乙醇	7.9	9.4	8.9	3.3	9.7	12.7	3.3
乙酸	5.0	3.4	3.4	25	19.3	40.1	16.3
丙酸	0.4	1.7	1.7	3.8	4.5	0.9	8.9
丁酸	0.2	3.7	3.3	9.3	56	40.0	39.9
戊酸	0.1	1.3	1.7	1.9	7.6	0.2	29.2
H_2	—	8.9	2.9	9.5	32.7	43.7	31.3
HR_{COD}	30.1	42.5	43.2	50.3	50.4	46.5	47.8
HR_{TOC}	28.9	39.0	39.2	49.0	40.3	36.9	43.1
CR_{COD}	13.0	34.5	34.6	45.4	45.2	25.5	44.3
CR_{TOC}	11.7	30.4	30.6	40.6	35.0	20.3	34.3

（3）沼渣的资源化利用

对沼渣的性质进行一年以上的分析，结果显示餐厨垃圾沼渣具有相对稳定的理化性质，例如，餐厨垃圾沼渣的含水率为 50%～65%，pH 为 7.0～8.5，高的有机质含量（木质素类 23%～40% 和蛋白质类 12%～26%）和较高的有机氮和氨氮含量，表明该沼渣含有的有机物可以生物降解。除此之外，该餐厨垃圾沼渣也含有高含量的金属，如 Ca（55.17 mg/g）和 Fe（15.55 mg/g）。以上结果表明沼渣具有资源化的潜势，进一步进行了餐厨垃圾沼渣的堆肥、热解处置和饲养黑水虻研究。

餐厨垃圾沼渣堆肥。在沼渣的堆肥研究中，考虑到沼渣含有较高含量的 N，在堆肥过程中会排放大量的 NH_3，因此在沼渣堆肥过程中投加 15% 的活性炭，以探究活性炭对餐厨垃圾沼渣堆肥过程中的 NH_3 排放和微生物群落结构的影响机制。以不添加活性炭的餐厨垃圾沼渣堆肥为对照组（R1），以添加活性炭的餐厨垃圾沼渣堆肥为实验组（R2），结果如图 4.19 所示。

沼渣堆肥结果表明添加活性炭可以提高堆肥体的发芽率，缩短堆肥时间 50%。发芽率是评估堆肥体是否具有毒性的一个关键指标，当发芽率超过 80% 时，可认为该堆肥产物没有毒性。R1 和 R2 中堆肥产物的发芽率在实验结束时均达到了 110%，表明该餐厨垃圾沼渣堆肥产物无毒。值得注意的是，在堆肥的前 63 天，R2 中的发芽率始终高于 R1 的发芽率。R2 的发芽率在第 35 天时已经达到 80%，而 R1 的发芽率则低于 60%。结果表明活性炭可以提高餐厨垃圾沼渣堆肥产物的发芽率，并且可以缩短堆肥时间 50%。

餐厨垃圾沼渣堆肥过程中 NH_3 排放集中在前 17 天，原因是蛋白质类有机物降解产生铵根，在此阶段又有大量的热量产生，堆肥体温度较高，导致大量的 NH_3 挥发。其中，R2 在第 5 天有最大的 NH_3 排放浓度（8811 ppm[①]），高于 R1 的最大 NH_3 排

---

① 1ppm=1 mg/L。

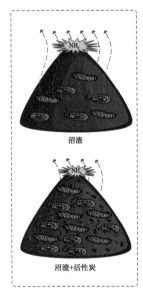
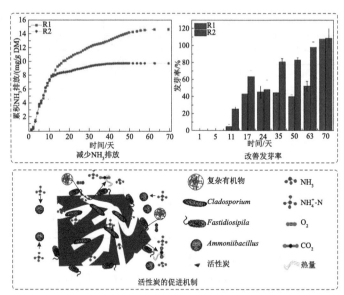

图 4.19　活性炭加速餐厨垃圾沼渣堆肥腐熟和减少 NH_3 排放

DM 表示干基

放浓度，原因可能是添加活性炭促进了蛋白质类有机物的快速降解。随着有机物的降解和温度的持续下降，NH_3 排放浓度也逐渐降低。以上结果表明蛋白质类有机物主要在堆肥前期被降解，高温会促进 NH_3 的排放。R1 的累积 NH_3 排放量为 14.64 mg/g DM，R2 的累积 NH_3 排放量为 9.71 mg/g DM。此结果表明添加活性炭可以有效地使 NH_3 减排 34%，原因可能是产生活性炭对 NH_3 的吸附作用，进而减少 NH_3 排放。

添加活性炭促进了餐厨垃圾沼渣堆肥过程中关键细菌（如 *Fastidiosipila*）的生长，进而加速了有机物的降解；在降温阶段和腐熟阶段，已促进的微生物有利于堆肥体的腐殖化进程。综上所述，添加活性炭可以提高发芽率和减少 NH_3 排放，加速堆肥体的腐殖化进程。

餐厨垃圾沼渣热解处置。根据餐厨垃圾沼渣具有高含量有机质的特性，其适合制备多孔炭材料。但是餐厨垃圾沼渣含有较多的水分，热解前的干燥过程会消耗大量的能量。为了减少干燥阶段的能量消耗，探究了餐厨垃圾沼渣的不同含水率（5%、20%、40%和60%）对其热解制备生物炭的作用机制（图4.20）。结果显示，当沼渣的含水率从 5%提升至 60%进行热解时，制备出的沼渣生物炭具有更优良的理化性质，如比表面积增加30%以上。热解过程中，水分可以与有机物和热解中间产物反应，增强聚合的芳香环系统热解，进而产生更多小的芳香环系统和不定形态的碳结构。总之，水分可以改善沼渣生物炭的理化性质，扩大沼渣生物炭的潜在使用范围。

图 4.20　含水率对改善沼渣热解制备生物炭性质的影响机制

餐厨垃圾沼渣饲养黑水虻。餐厨垃圾仍然具有较高含量的有机物，如蛋白质和木质纤维素类，所以具有资源化的潜力。已有研究报道黑水虻可以处置有机废弃物，将其转化为优质的蛋白质和脂肪等，并且减少有机废弃物带来的环境污染。通过餐厨残渣饲养黑水虻，收获了黑水虻幼虫，将其作为高蛋白饲料的原料。收集饲养过程中黑水虻排泄产生的虫沙，即虫粪有机肥。通过饲养黑水虻幼虫，实现了餐厨垃圾沼渣的资源化利用。主要的工艺流程和产物如图 4.21 所示。

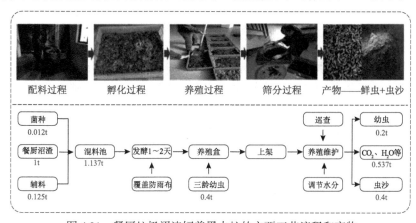

图 4.21　餐厨垃圾沼渣饲养黑水虻的主要工艺流程和产物

4.2.3　有机垃圾协同高效厌氧消化工程示范建设

深圳市利赛环保科技有限公司负责有机垃圾高效协同生物转化示范工程建设与运行：目前有机垃圾生物转化处理规模为 800 t/d，有机质转化率达到 70%，沼气产气率达到 700 m³/t VS，达到了预定目标。改造前和改造后的餐厨垃圾厌氧消化处理技术路线分别如图 4.15 和图 4.22 所示。项目实施过程中，增加了加热缓冲罐、消化缓冲罐、滤液缓冲罐等，其具体信息如表 4.3 所示，保证了设施在餐厨垃圾量突增、设备更新等特殊情况下维持稳定运行。

表 4.3　新增设施清单

序号	名称	规模	备注
1	消化缓冲罐	容积 790 m³	优化新增
2	加热缓冲罐	容积 1340 m³	优化新增
3	滤液缓冲罐	容积 1340 m³	优化新增
4	消化缓冲罐	容积 1800 m³	优化新增

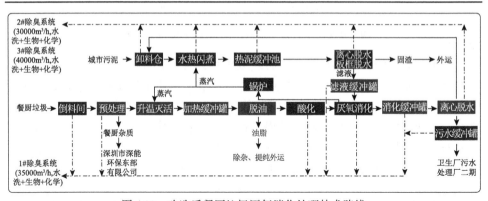

图 4.22　改造后餐厨垃圾厌氧消化处理技术路线

本节内容在湿热水解处理提高有机质转化研究上进行了示范研究。湿热水解处理可以有效缩短餐厨垃圾的水解时间，改变物料中蛋白质、碳水化合物及油脂的物理化学性质，提高后续生物处理效率。监测餐厨垃圾在水热预处理前、后物料性质的变化情况，论证餐厨垃圾热水解预处理的可行性，得出热水解预处理工艺的最佳反应温度和时间。

餐厨垃圾原料较黏稠，类浓粥状，有大量土豆块、米粒、菜叶、肉块等物质。经水热装置（图 4.23）处理后，使用缓冲提油系统和三相离心提油设备将油、水、固渣进行分离，装置如图 4.24 和图 4.25 所示。

图 4.23 水热装置

图 4.24 缓冲提油装置

图 4.25 三相离心提油设备

在不同湿热水解温度和保温时间条件下,餐厨垃圾水热后粗含油率的增加比例如图 4.26 所示。在 90~120℃时,粗含油率增加比例随水热温度升高和时间延长呈增加趋势。而在 140℃时,湿热水解产物的粗含油率比原料明显降低。餐厨垃圾中动物脂肪含量较高,这些脂肪大部分以含油固体物质形式存在,脱除较难。水热状态下,由于固相内外存在化学势梯度,水分进入固相内部,脂质由固相内部浸出进入液相,形成可浮油,随着水热温度升高和时间延长,可浮油的量持续增加,140℃时可浮油的量开始下降,表明高温会促进脂质的化学变化。

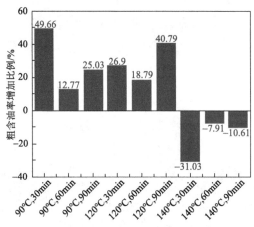

图 4.26 水热后各实验组粗含油率增加比例

经过湿热水解处理后,餐厨垃圾中油脂分离效果明显改善。一般而言,经湿热水解处理后餐厨垃圾的油脂回收率可达到 3%以上,回收的废油脂可以用于炼制生物柴油。同时,湿热水解处理使油脂发生了化学变化,改变了其作为食用油的原料特征,切断了其重上餐桌的根源,其仅可制备生物柴油或化工产品。升级改造后,餐厨垃圾预处理系统的分选残渣经过湿热水解处理得到最终残渣,其不可生物降解的杂质分选率高达 95%以上,有机物损失率小于 5%,最大限度地实现了餐厨垃圾资源化利用,餐厨垃圾减量化程度和资源化程度显著提高。

4.3 园区循环化改造方案

郁南环境园位于深圳市中部、龙岗区西部。环境园总占地面积为 24999 m^2,总建筑面积 8858 m^2,属于市政环卫工程专项用地。但郁南环境园面临有机垃圾处置设施处理能力不足、系统处理效率低下、废水废渣外运量大、处理设施缺乏有机衔接、园区整体能源效率低等问题。本书项目研究针对园区进行循环化改造,识别和完善园区范围内代谢效率提升的关键节点,提出了企业内部技术提升、产业链打造和基础设施建设 3 个改造优化路线,以实现园区资源高效利用和废物"零排放"的目标,提高可持续发展能力。

4.3.1　深圳市郁南环境园整体情况

郁南环境园作为深圳市环境教育基地,是与广大市民互动沟通的开放平台和科普、宣教、参观的重要场所。郁南环境园也是深圳市"无废城市"试点项目之一,其循环化升级改造不仅有利于提升深圳市有机垃圾处理能力,还可使社会各界加深对环保设施的了解,更是践行深圳市建立"无废城市"的重要举措。郁南环境园中含有餐厨垃圾处理厂、粪渣无害化处理厂、深圳市卫生处理厂等多种处理厂。

(1)餐厨垃圾处理厂

餐厨垃圾处理厂主要处理城市生物质废物,具体包括深圳市龙华区、福田区的集市菜场垃圾、餐厨垃圾等。该项目设计之初,设计处理餐厨垃圾能力为 250 t/d,采用中温厌氧消化工艺。

(2)粪渣无害化处理厂

粪渣无害化处理厂处理对象为罗湖、福田、龙岗三区化粪池及公厕清掏出的粪渣污泥。该项目设计处理能力为 250 t/d。粪渣无害化处理厂采用超高静态堆体堆肥工艺,堆肥堆体高度达 4 m,将粪渣脱水后,与辅料混合制备有机肥。该项目包含了粪渣脱水、超高堆体好氧堆肥、太阳能供热、多级除臭等单元。

(3)深圳市卫生处理厂

深圳市卫生处理厂于 2002 年引进高温蒸煮工艺,其处理对象为深圳市病死禽畜及不合格肉冻制品,高温蒸煮工艺是当时国外一流的动物类废弃物无害化处理工艺。卫生处理厂运营至今,正常运行时日处理量为 15～30 t。该项目包括接收进料设施、缓冲输送设施、高压蒸汽设施、辅助设施等。

虽然郁南环境园各处理厂均能正常运行,但目前郁南环境园面临有机垃圾处置设施处理能力不足、系统处理效率低下、废水废渣外运量大、处理设施缺乏有机衔接、园区整体能源效率低等问题。

园区循环化处理通过空间布局合理化、产业结构最优化、产业链接循环化、资源利用高效化、污染治理集中化、基础设施绿色化、运行管理规范化,实现园区主要资源产出率、土地产出率大幅度上升,固体废物资源化利用率、水循环利用率、生活垃圾资源化利用率显著提高,主要污染物排放量大幅降低。

综上所述,园区循环改造目标为:以餐厨垃圾处理厂为核心,进行扩能增效工程改造;通过园区末端处理设施共享,优化园区内部物质能量代谢路径,减少污染外运,实现园区内部资源、能源的高效循环利用。

4.3.2　郁南环境园循环化改造方案

　　园区循环化改造即为推进现有的各类园区按照循环经济的减量化优先和再利用原则，对空间布局和产业结构进行调整，研发关键技术调整产业链，实现园区资源高效利用和废物"零排放"的目标，提高可持续发展能力。其本质是指根据园区内的物质、能源的代谢流动规律，识别和完善园区内代谢效率提升的关键节点。

　　如图 4.27 所示，园区循环化改造优化路线可从企业内部技术提升、产业链打造和基础设施建设三方面进行提升。企业内部技术提升可从处理能力扩大和处理效率提升两方面开展；产业链打造可分为电能内部循环、蒸汽内部循环和残渣共堆肥；基础设施建设方面可以新建污水处理厂，减少废水外运量。

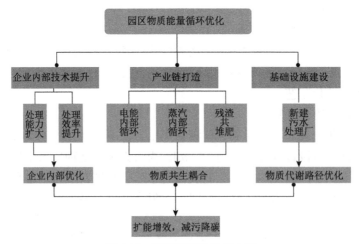

图 4.27　园区循环化改造方案

　　（1）产业链升级

　　该方法主要包括优化处理厂间的物质交换，形成园区内部物质-能源代谢循环，升级产业链。餐厨垃圾处理厂的沼气可转化为电能，供园区其他处理设施使用，实现能源内部循环；餐厨垃圾处理厂的蒸汽提供给病死禽畜卫生处理厂，餐厨垃圾处理厂产生的脱水沼渣和粪渣无害化处理厂的残渣进一步协同共堆肥。

　　（2）基础设施建设

　　该方法主要包括园区内污水等公共基础设施的共享与集成。针对园区外运污水量大的问题，在园区内建设污水处理厂，实现园区污水集中治理，增强不同处理厂之间的有机联系，减少污染物外运。新建污水处理厂占地面积约为 3125 m²，设计处理规模为 700 t/d。排放废水执行《水污染物排放限值》（DB 44/26—2001）的第二时段二级标准，达标后排入市政管网。

4.3.3　园区循环化改造综合绩效评估

通过上述改造后，园区有机垃圾处理能力和效率得到了提升，本书项目研究采用混合生命周期评价分析对园区循环化改造效果进行评估，在郁南环境园系统边界内定量评价各环节产生的环境影响。

不同处理厂之间的物质输入、电量使用、蒸汽使用、产品输出、排出污水、外排固废和外排气体部分的数据清单见表 4.4～表 4.6。园区内部有气体除臭系统（化学喷雾和生物滤池），保证园区内气体排放均符合国标排放标准[《恶臭污染物排放标准》（GB 14554—1993）]。因此在本次评估中可忽略气体排放的环境影响。本循环改造评估分为 3 个场景：处理设施独立运行（场景 1），处理设施扩能增效后的运行（场景 2），园区循环化运行（场景 3）。

场景 1 为各处理设施单独运行状态，餐厨垃圾处理厂的处理量为 250 t/d，病死禽畜卫生处理厂的处理量为 17 t/d，粪渣无害化处理厂的处理量为 250 t/d。餐厨垃圾处理厂、病死禽畜卫生处理厂和粪渣无害化处理厂的污水产生量分别为 240 t/d、10 t/d 和 180 t/d。

表 4.4　场景 1 下处理设施运行参数

处理设施		餐厨垃圾处理厂	病死禽畜卫生处理厂	粪渣无害化处理厂
处理量/（t/d）		250	17	250
电能	耗电量/（kW·h/d）	5770	5560	4000
	类型	燃料	燃料	燃料
污水	产生量/（t/d）	240	10	180
	运输距离/km	10	10	10
固体残渣	产生量/（t/d）	53		0.2
	运输距离/km	7	—	7
	处理类型	填埋		填埋
蒸汽	使用量/（t/d）	自产自销	1.6	—
	类型		轻油	

场景 2 中对餐厨垃圾处理厂进行了扩能增效，餐厨垃圾处理厂的处理量为 550 t/d，病死禽畜卫生处理厂的处理量为 17 t/d，粪渣无害化处理厂的处理量为 250 t/d。餐厨垃圾处理厂、病死禽畜卫生处理厂和粪渣无害化处理厂的污水产量分别为 480 t/d、10 t/d 和 180 t/d。各处理厂产生的固体残渣外运至焚烧厂，

污水外运至污水处理厂。

表 4.5　场景 2 下处理设施运行参数

处理设施		餐厨垃圾处理厂	病死禽畜卫生处理厂	粪渣无害化处理厂
处理量/（t/d）		550	17	250
电能	耗电量/（kW·h/d）	10000	5560	4000
	类型	燃料	燃料	燃料
污水	产生量/（t/d）	480	10	180
	运输距离/km	10	10	10
固体残渣	产生量/（t/d）	106		0.2
	运输距离/km	25	—	25
	处理类型	焚烧		焚烧
蒸汽	使用量/（t/d）	自产自销	1.6	—
	类型		轻油	

　　场景 3 则为实现园区内部循环，包括能量内部循环，残渣进一步协同处置，从而提高能量利用效率，增强垃圾处理效率。餐厨垃圾处理厂的处理量为 550 t/d，病死禽畜卫生处理厂的处理量为 17 t/d，粪渣无害化处理厂的处理量为 250 t/d。餐厨垃圾处理厂、病死禽畜卫生处理厂和粪渣无害化处理厂的污水产生量分别为 480 t/d、10 t/d 和 180 t/d。

表 4.6　场景 3 下处理设施运行参数

处理设施		餐厨垃圾处理厂		病死禽畜卫生处理厂	粪渣无害化处理厂	污水处理厂
处理量/（t/d）		550		17	250	700
电能	耗电量/（kW·h/d）	10000		5560	4000	32900
	类型	沼气		沼气	沼气	沼气
污水	产生量/（t/d）	480		10	180	
	运输距离/km	0		0	0	—
固体残渣	产生量/（t/d）	96	10		0.2	0.2
	运输距离/km	25	0	—	0	0
	处理类型	焚烧	堆肥		堆肥	堆肥
蒸汽	使用量/（t/d）	自产自销		1.6	—	—
	类型			沼气		

场景 1、场景 2 中病死禽畜卫生处理厂的蒸汽处于外购，场景 3 中的病死禽畜卫生处理厂的蒸汽来源于餐厨垃圾处理厂厌氧发酵；同时场景 3 中餐厨垃圾处理厂产生的沼气用于发电。

对不同场景下的中点影响效应进行了环境影响评估，包括非生物耗竭（ADP 燃料消耗）、全球变暖潜势（100 年，排除生物炭）、臭氧消耗潜势、陆地生态毒性潜势、光化学烟雾生成潜势和人体毒性潜势。在本研究中粪渣堆肥产生的固体碳被认为是生物碳部分。环境影响分为四大类：电力、污水、固废和蒸汽。

经济分析采用收支平衡法进行计算，功能分析单位为园区 1 年的处理量。支出部分包含电力、运行和运输支出，收入部分包括垃圾处理费和产品售卖收入（沼气、油脂、肥料等）。

环境影响可以分为直接环境影响和间接环境影响，直接环境影响指处理活动直接导致的污染物排放，而间接环境影响是在合理预测时空范围内的环境污染影响。从直接环境影响[图 4.28(a)]来看，在场景 1、场景 2 中，园区产生的污水均需要收集并外运至污水处理厂进行深入处理，而在场景 3 中引入污水处理厂，可以有效降低外排污水中的化学需氧量（COD）、氨氮和悬浮固体（SS），从而提升污水处理能力，使得园区内部产生的污水经处理后可直接进入城市管网系统。从表 4.7 可以看出，外排污水中的 COD 从 5387.13~5908.29 mg/L 下降至 21.70~41.15 mg/L，氨氮浓度从 3098.50~3227.40 mg/L 下降至 5.43~6.85 mg/L，SS 浓度从 1880.83~2234.00 mg/L 下降至 7.86~10.67 mg/L。

表 4.7　污水处理厂的进水及出水性质

项目	pH	COD/（mg/L）	氨氮浓度/（mg/L）	SS/（mg/L）
进水	7.39~7.64	5387.13~5908.29	3098.50~3227.40	1880.83~2234.00
出水	6.46~7.12	21.70~41.15	5.43~6.85	7.86~10.67

从处理能力[图 4.28(b)]来看，场景 2 和场景 3 的园区总处理能力分别是场景 1 的 1.58 倍和 2.93 倍，主要是由于场景 2 中餐厨垃圾处理量的增加和场景 3 中污水处理厂处理能力增加。从间接环境影响来看，场景 2 中的间接环境影响最大，而场景 3 中的间接环境影响最低。场景 2 中的整体间接环境影响增加是由于餐厨垃圾处理能力增加，从而导致整体出现上升。场景 3 中的全球变暖潜势为 1.2×10^4 kg CO_2 eq，而处理量较少的场景 2 中的全球变暖潜势为 1.62×10^4 kg CO_2 eq。场景 3 中出现的全球变暖潜势下降是由于餐厨垃圾处理厂中生成的沼气、电力和蒸汽实现园区内循环。

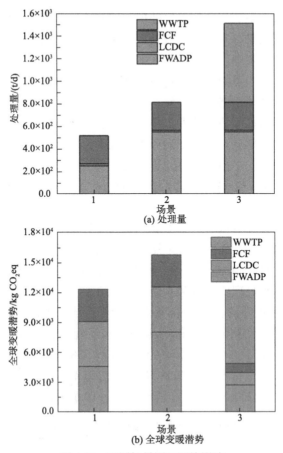

图 4.28　不同场景园区环境影响

WWTP 表示污水处理厂；FCF 表示粪渣无害化处理厂；LCDC 表示病死畜禽卫生处理厂；FWADP 表示餐厨垃圾处理厂，下同

　　场景 3 中的非生物耗竭（燃料消耗）是 $5.2×10^4$ MJ，远低于场景 1 中的 $1.25×10^5$ MJ。而场景 3 中的臭氧消耗潜势比场景 1 中低 60.3%。场景 3 中臭氧消耗潜势为 $4.17×10^{-11}$ kg R11eq，远低于场景 1 中臭氧消耗潜势（$1.05×10^{-10}$ kg R11eq）（图 4.29）。总的来说，场景 1 是园区各设施相互独立阶段，场景 2 是园区各设施技术提升阶段，而场景 3 是园区各设施间实现循环阶段。在园区中采用更高级的管理策略能有效降低直接环境影响和间接环境影响，从而更有利于实现低碳目标。技术提升和循环模式都能很好地降低环境影响。

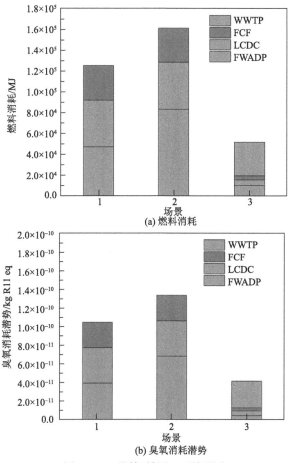

图 4.29　不同场景园区环境影响

图 4.30 对比了不同场景的单位环境影响，场景 3 中的单位环境影响是所有场景中最低的。对餐厨垃圾处理厂来说，场景 1～场景 3 中的单位处理量全球变暖潜势分别为 294.8 kg CO_2 eq/t、292.4 kg CO_2 eq/t 和 92.2 kg CO_2 eq/t。场景 2 相比场景 1 单位处理量全球变暖潜势少量下降是由于餐厨垃圾处理厂的规模效应，增加的处理量会适当降低单位处理量的物质使用和电力使用。餐厨垃圾处理厂的规模扩张是由于深圳市推行的垃圾分类政策，从而促进企业在餐厨垃圾处理技术上进行绿色环保更新。而场景 3 中的单位处理量全球变暖潜势进一步下降是由于电力来源变化和沼渣处理方式变化。餐厨垃圾处理厂产生的电能足以满足整个园区内的电力运行。场景 3 中污水处理厂的单位处理量全球变暖潜势和非生物耗竭潜势分别为 10.5 kg CO_2 eq 和 132 MJ。与场景 1 和场景 2 相比，电力与蒸汽循环使全球变暖潜势和非生物耗竭潜势分别下降了 72% 和 88%。单位环境影响的降低主

要是由于电能来源的转变，在处理过程中对环境影响的变化影响程度较低。

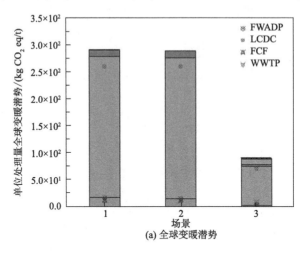

(a) 全球变暖潜势

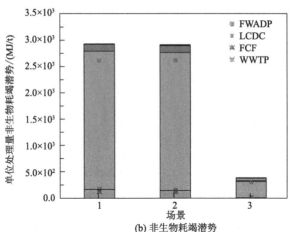

(b) 非生物耗竭潜势

图 4.30　不同场景单位处理量的全球变暖潜势及非生物耗竭潜势

对病死禽畜卫生处理厂而言，场景 1 和场景 2 中的环境影响保持不变，而场景 3 中的环境影响急剧下降。如图 4.31 所示，与场景 1 和场景 2 相比，电力与蒸汽循环使臭氧消耗潜势和陆地生态毒性潜势分别下降了 87% 和 38%。与之相反的是，从场景 1 到场景 2，餐厨垃圾处理厂的环境影响出现稍许上升，主要是由于固体残渣的处置方式由填埋转变为焚烧，从而增加了运输距离。场景 3 的单位臭氧消耗潜势和陆地生态毒性潜势均是最低值。在场景 3 中，10 t/d 的沼渣采用堆肥的方式进行处理。而沼渣堆肥会增加陆地生态毒性潜势、光化学烟雾生成潜势和人体毒性潜势。堆肥增加的臭氧生成潜势与排放的挥发性有机化合物相关，而挥发性有机化合物是臭氧生成的重要前体物质。堆肥过程中生成的腐殖质、矿物离子和微生物可以有效地增强土壤中有毒元素的固定，从而降低生态和环境风险。总的来说，规模效应、处理技术提升和电力循环能在不同程度上降低餐厨垃圾处理厂的环境风险。

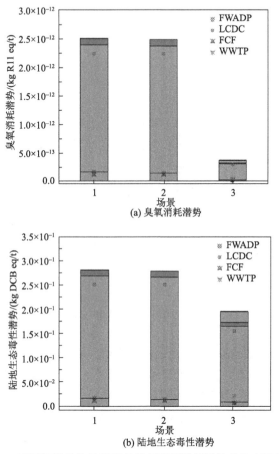

图 4.31　不同场景单位处理量的臭氧消耗潜势及陆地生态毒性潜势

不同场景的收入和成本分析如图 4.32 所示，其中正值代表利润部分。场景 1～场景 3 的年利润分别估计为 5524 万元、8473 万元和 10340 万元。对粪渣无害化处理厂和病死禽畜卫生处理厂来说，场景 1 和场景 2 中的成本和收入是完全一致的。但对餐厨垃圾处理厂来说，场景 2 中的成本和收入分别是场景 1 中的 2.6 倍和 2.0 倍，这是由于餐厨垃圾处理量从场景 1 的 250 t/d 增加至场景 2 的 550 t/d，从而增加了沼气产量。而场景 3 中的餐厨垃圾处理厂年收入是 8365 万元，略低于场景 2 中的餐厨垃圾处理厂年收入（8796 万元）。场景 3 中餐厨垃圾处理厂的产电量为 60000 kW·h/d，能完全满足园区内其他设施厂的电力需求。因此粪渣无害化处理厂不会产生任何支出。在园区内实现能量循环，降低能源消耗量，减少运输成本，增加沼气产量，从而有效降低成本。

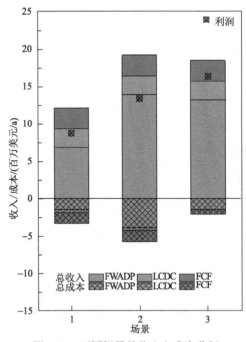

图 4.32   不同场景的收入和成本分析

物质桑基图可展现园区内部物质的物质流动。郁南环境园物质桑基图如图 4.33 所示，对于餐厨垃圾处理厂，厨余（550 t/d）和水（50 t/d）转化为废水（480 t/d）、油脂（14 t/d）、用于焚烧的沼渣和残渣（86 t/d）以及共堆肥的沼渣（10 t/d）。对于病死禽畜卫生处理厂，病死禽畜转化为废水、饲料和油脂的比例分别为 59%、31% 和 10%。而粪渣无害化处理厂中，大部分转化为废水和肥料，只有少量残渣继续进行共堆肥。污水处理厂处理了协同处置静脉产业园内部产生的废水（670 t/d），并将其排入市政污水系统。园区内的沼渣和残渣的共堆肥能有效提高物质循环率。

如图 4.34 所示，郁南环境园中餐厨垃圾处理厂处理量为 550 t/d，总产电量为 52460 kW·h/d，其中 10000 kW·h/d 的电力用于餐厨垃圾处理厂自身，32900 kW·h/d 的电力提供给污水处理厂，5560 kW·h/d 的电力提供给病死禽畜卫生处理厂，4000 kW·h/d 的电力提供给粪渣处理厂。餐厨垃圾处理厂会产生 480 t/d 的废水进入污水处理厂，而病死禽畜卫生处理厂和粪渣无害化处理厂则分别会产生 10 t/d 和 180 t/d 的废水。园区内部出现了物质协同处理，包括餐厨垃圾处理厂的沼渣（10 t/d），污水处理厂的污泥（0.2 t/d），粪渣无害化处理厂的残渣（0.2 t/d）。这些固体残渣物质会进行进一步协同堆肥处置。整个园区内部实现了物质能量的循环梯级利用。

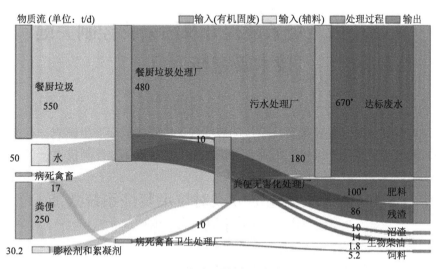

图 4.33　郁南环境园物质桑基图

* 污水处理厂运行规模（670 t/d）小于设计规模；** 不包括共堆肥的堆肥量

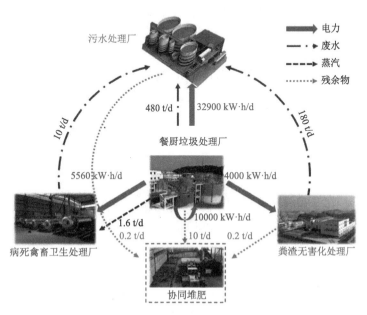

图 4.34　郁南环境园协同处理示意图

第 5 章
生活垃圾焚烧效能提升及污染物控制关键技术研究与示范

垃圾分类后对其他垃圾焚烧系统的效能和污染物排放会产生影响,本章重点介绍垃圾分类后焚烧系统中二噁英、焚烧飞灰的排放规律及控制技术。

5.1 生活垃圾精准分类对垃圾焚烧系统效能和污染物排放的影响

5.1.1 垃圾焚烧烟气和灰渣中二噁英排放浓度

如图 5.1 所示,垃圾焚烧烟气首先由过热器冷却后进入立式省煤器。大颗粒灰渣通过与过热器和立式省煤器的撞击而分离,并被收集于垂直过热器、立式省煤器下方的 4 个灰斗。然后,烟气通过半干反应器(SDS),此时大多数酸性气体通过与熟石灰浆液反应而去除。通过活性炭喷射(ACI)来吸附二噁英,烟气其他细灰和活性炭通过布袋除尘器(BF)去除。随后,通过选择性催化还原(SCR)去除烟气 NO_x。为了实现 NO_x 超低排放,还应用了选择性非催化还原(SNCR)。

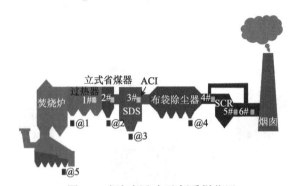

图 5.1 烟气侧和灰渣侧采样位置

烟气侧采样点:1#表示立式省煤器入口,2#表示立式省煤器出口,3#表示 SDS + ACI 出口,4#表示布袋除尘器出口,5#表示 SCR 出口,6#烟囱;灰渣侧采样点:@1 表示第一个灰斗出口,@2 表示第四个灰斗出口,@3 表示 SDS 灰斗出口,@4 表示布袋除尘器灰斗出口,@5 表示炉膛出口

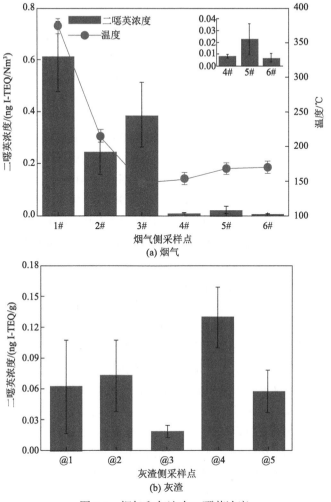

图 5.2　烟气和灰渣中二噁英浓度

　　如图 5.2 所示,烟气经过立式省煤器(从 1#到 2#)之后,二噁英浓度降低了 59.83%。此外,立式省煤器的烟气温度从 374℃降至 214℃,这是从头合成的反应温度,可能导致二噁英的形成。当负载了二噁英的灰渣大颗粒与立式省煤器相撞时,它将挟带二噁英从烟气分离,这可能降低烟气二噁英浓度。在第一个灰斗出口(@1)处,分离灰渣二噁英的浓度为 0.062 ng I-TEQ/g。但是,在第四个灰斗出口(@2)处,分离灰渣二噁英的浓度增加到 0.073 ng I-TEQ/g,增加了 17.74%。基于焚烧炉的运行参数,根据盖·吕萨克定律,烟气流量估计为 46.70 Nm³/s。同时,所有过热器中分离灰渣的质量流量为 2.7 kg/h。因此,分离灰渣和烟气的总二噁英浓度分别为 29.46 ng I-TEQ 和 61607.57 ng I-TEQ。这些结果表明来自第四过热器的烟气的总二噁英的减少量是来自所有过热器的灰渣的总二噁英的增加量的 2019.23 倍。这些增加量可能来自"记忆效应"。迄今为止，几乎没有关于水平过热器二噁英排放量的准确数据，而研究表明烟气经过循环流化床焚烧炉中水平过热器之后二噁英浓度可增加 189.42%。这些结果表明，立式过热器和灰斗的结合有利于降低烟气二噁英的排放。

活性炭注入口靠近 SDS 出口，故将采样位置 3# 设置在活性炭注入口后面。当烟气通过 SDS + ACI 系统（从 2# 到 3#）时，二噁英浓度增加了 23.08%。二噁英可在 162～250℃ 的温度下形成[①]。因此，该增量可能来自立式省煤器出口（2#）和 SDS + ACI 出口（3#；148～214℃）之间的从头合成。另一个解释可能是"记忆效应"。

烟气经过布袋除尘器（3# 至 4#）后，去除率可达 61.94%，可见布袋除尘器是从烟气中去除二噁英的主要方法。烟气通过 SCR 后（从 4# 到 5#），二噁英排放量略有增加，约 2.40%。本次测量过程中产生的二噁英增加量可能来自"记忆效应"，或者受 HRGC/HRMS 检测限的影响。SCR 出口（5#）处的二噁英浓度非常低（0.02276 ng I-TEQ/Nm^3），甚至可能低于同系物的检测极限。因此，本章分析了在 4# 和 5# 采样位置的检测限分布，因为在这些位置也观察到非常低的值。这些结果表明，在 SCR 出口（5#）处某些二噁英同系物的检测值始终为 2,3,7,8-TCDD。但是 2,3,7,8-TCDD 具有最高毒性当量。如果检测到的二噁英同系物的浓度低于检测限，则使用检测限的一半值确定它们的浓度。该因素可能是 SCR 系统二噁英去除率降低的原因。

在 SDS 灰斗出口（@3）处灰渣的二噁英浓度为 0.019 ng I-TEQ/g，这主要是由于石灰浆吸收了二噁英。灰渣的最高二噁英浓度出现在布袋除尘器灰斗出口（@4；约 0.13 ng I-TEQ/g），这表明 ACI 和布袋除尘器是去除气态二噁英的主要设备。此外，这些结果表明熟石灰可以从烟气中吸收二噁英，但活性炭的吸收能力是熟石灰的 6.84 倍。炉膛出口（@5）的二噁英浓度为 0.058 ng I-TEQ/g，低于第一个灰斗出口（@1）中灰渣的 I-TEQ（约 6.89%），这可能是由于二噁英的合成和飞灰的吸收。

5.1.2　二噁英相态分布特征

烟气沿程二噁英的相态分布行为如图 5.3 所示。二噁英是难溶于水的亲脂性物质，故液相二噁英主要来自微粒或油的沉积。在立式省煤器出口（2#）处检测到液相二噁英的比例最高，并且很可能来自从头合成。在烟囱（6#）处，液相二噁英的比例达到 53%，高于采样位置 1# 和 3#～5#。这可能是因为烟囱（6#）处的细颗粒主要由活性炭组成。在焚烧炉（1#～6#）的整个焚烧过程中，液相二噁英的平均比例约保持在 35%。

① Zhang H J, Ni Y W, Chen J P, et al. Influence of variation in the operating conditions on PCDD/F distribution in a full-scale MSW incinerator[J]. Chemosphere, 2008, 70 (4): 721-730.

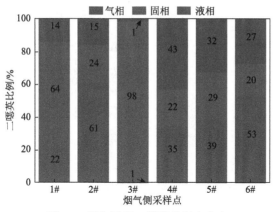

图 5.3　烟气沿程二噁英的相态分布

立式省煤器处，固相二噁英的比例从 64% 下降到 24%，表明颗粒中负载的某些二噁英被带到灰渣中。由于活性炭的喷射，在 SDS + ACI 出口（3#）处观察到固相二噁英的比例（98%）最高。烟气通过布袋除尘器后（从 3# 到 4#），固相二噁英的比例下降到 22%。尽管固相二噁英大部分被布袋除尘器除去，但固相二噁英的比例在布袋除尘器出口（4#）处保持在 22%。这些固相二噁英主要从布袋除尘器的筛网（约 0.2 μm）中逸出，这增加了细颗粒沉积在冷凝水中的可能性。在烟囱（6#）处，固相二噁英的比例达到最低值 20%，这表明固相二噁英的去除率最高。

活性炭喷射影响气相二噁英的比例。气相二噁英的比例在活性炭喷射前保持在 14%（从 1# 到 2#），并且在通过 3# 后急剧下降到 1%，这归因于活性炭对大多数气相二噁英的捕获。通过 4# 后，气相二噁英的比例达到最高 43%。在 6# 处，气相二噁英的比例为 27%，是二噁英排放量的第二大贡献者。在烟气侧（1#～6#），气相二噁英的平均比例约为 22%。

5.1.3　焚烧烟气沿程二噁英的生成机理

为了更好地理解全尺寸焚烧炉中沿烟气管线的二噁英的合成机理，检测了烟气和灰分中 4～8 氯代的同系物。如图 5.4 所示，2,3,4,7,8-PeCDF 是主要同系物（33.02%～41.19%），因为多氯代二苯并呋喃环上 2、4 和 8 的氯代位置具有低键解离能[1]。多氯代二苯并呋喃同系物（57.40%～81.97%）主导了烟气中二噁英同系物的分布。一些多氯代二苯呋喃同系物的分布（2,3,4,7,8-PeCDF、1,2,3,4,7,8-HxCDF、1,2,3,6,7,8-HxCDF 和 1,2,3,7,8,9-HxCDF）沿烟气路径相对稳定。

① Han Y, Liu W, Hansen H C B, et al. Influence of long-range atmospheric transportation (LRAT) on mono-to octa-chlorinated PCDD/Fs levels and distributions in soil around Qinghai Lake, China[J]. Chemosphere, 2016, 156: 143-149.

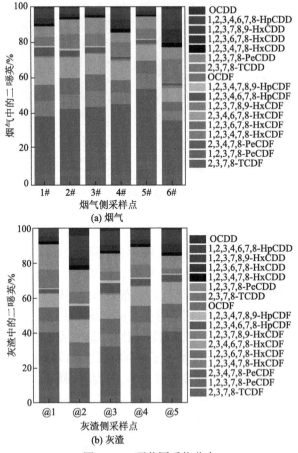

图 5.4   二噁英同系物分布

固相 PCDF：PCDD 在 1#处保持较高（3.42），这表明多氯代二苯并呋喃（PCDFs）的占比大于多氯代二苯并二噁英（PCDDs）。有研究认为从头合成得到的 PCDF：PCDD 通常超过 3[①]，而前驱物合成的 PCDF：PCDD 通常低于 1。这表明从头合成是在 1#处形成二噁英的主要机理。烟气通过 2#后，固相中的 PCDF：PCDD 降低至 2.64，表明前驱物合成随 PCDF：PCDD 的降低而增加。在 3#处，固相的 PCDF：PCDD 为 3.61，超过了 2#处的 PCDF：PCDD。这些结果表明，从 2#到 3#的区域可能已发生了从头合成和"记忆效应"。通过 4#后，固相中 PCDF：PCDD 从 3.61 急剧下降至 1.42，表明 PCDFs 的去除率优于 PCDDs 在布袋除尘器中的去除率。在 @1 处，PCDF：PCDD 为 1.92，这表明前驱物形成的二噁英形成

① Zhang H J, Ni Y W, Chen J P, et al. Influence of variation in the operating conditions on PCDD/F distribution in a full-scale MSW incinerator[J]. Chemosphere, 2008, 70 (4): 721-730.

速率或"记忆效应"增强。在@2 处，PCDF：PCDD 为 1.39，表明二噁英的形成速率与@1 相似。另外，灰渣中的 PCDF：PCDD（1.39）要比烟气中的 PCDF：PCDD（固相 2.64）低得多，这可能归因于"记忆效应"。在@5 处，PCDF：PCDD 为 2.86，表明从头合成主导了二噁英的形成途径。总体而言，从头合成主导了固相二噁英的形成。但是，前驱物的形成和"记忆效应"导致 PCDF：PCDD 呈现复杂趋势。另外，在布袋除尘器上，灰渣中的 PCDF：PCDD 为 2.41（@4），接近烟气（2.63）。同时，灰渣中二噁英同系物的分布与烟气相似，如图 5.5 所示。因此，布袋除尘器中的"记忆效应"可忽略不计。将这些发现与以前的结果相结合，表明"记忆效应"主要发生在立式省煤器上，其次是 SDS＋ACI 系统和 SCR 系统。

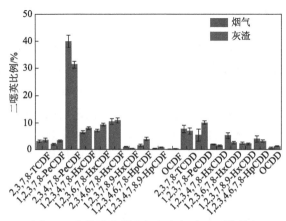

图 5.5　布袋除尘器中烟气和灰渣二噁英分布

5.1.4　额定机械负荷和额定热负荷对二噁英排放量的影响

表 5.1 比较了额定机械负荷、额定热负荷两种工况下烟气二噁英排放浓度。在额定机械负荷和额定热负荷工况下，从烟囱烟气排放的二噁英浓度分别为 0.0051 ng I-TEQ/Nm^3 和 0.0087 ng I-TEQ/Nm^3，远低于国标 0.1 ng I-TEQ/Nm^3。

表 5.1　不同操作条件下的操作参数和烟囱二噁英排放量

参数	额定机械负荷	额定热负荷
一次风量/（Nm^3/h）	31131	25815
二燃室温度/℃	914	890
蒸汽冷却温度/℃	837	811
立式省煤器出口含氧量/%（体积分数）	5.96	7.75
立式省煤器出口 CO 含量/（mg/Nm^3）	4.62	3.54
烟囱烟气二噁英浓度/（ng I-TEQ/Nm^3）	0.0051	0.0087

图 5.6 显示了在两种操作条件下 6 个采样点的二噁英浓度。在立式省煤器入口和出口，额定热负荷中的二噁英浓度远高于额定机械负荷。在额定机械负荷中，立式省煤器的出口氧气含量为 5.96%，是额定热负荷的 0.77 倍。完全燃烧导致氧气含量高，在高于 200℃ 的温度下可能导致二噁英的合成。活性炭喷射可有效去除气态二噁英，故烟气通过 ACI 后，许多气态二噁英将从烟气中吸附到活性炭颗粒中。SDS + ACI 出口处二噁英浓度的显著增加可能是由于气态二噁英浓缩到活性炭颗粒。但是，在 SDS + ACI 出口处，额定热负荷中的二噁英浓度开始低于额定机械负荷，该结果可能是由于额定机械负荷的一次风量是额定热负荷的一次风量的 1.21 倍。烟气通过 SDS + ACI 出口后，这两种操作条件显示出二噁英排放量的相似变化。流经布袋除尘器时，烟气二噁英浓度显著下降，这是由于布袋除尘器清除了活性炭。值得注意的是，当通过 SCR 系统时，烟气二噁英浓度会增加，这可能与"记忆效应"有关。例如，在先前操作期间积累在反应器内壁和 SCR 催化剂上残留的高浓度二噁英与低浓度的烟气二噁英进行交换。从 SCR 出口流向烟囱后，烟气二噁英浓度增加，这可能是由于添加了空气或旁路管道。图 5.8（b）显示了在两种操作条件下灰渣的二噁英浓度。在额定机械负荷工况下，从过热器到立式省煤器的分离灰分中的二噁英浓度降低，与额定热负荷工况下相反。这些结果表明，额定机械负荷抑制了分离灰分中二噁英的形成。类似于立式省煤器，在额定机械负荷工况下，炉灰灰斗中灰渣的二噁英浓度低于额定热负荷工况下。SDS 灰渣中的二噁英浓度范围为 15.5～18.0 ng I-TEQ/kg，这主要是由于石灰浆吸收了二噁英。灰渣的最高二噁英浓度出现在布袋除尘灰斗的出口处，这表明 ACI + BF 主导了气态二噁英排放物的去除。

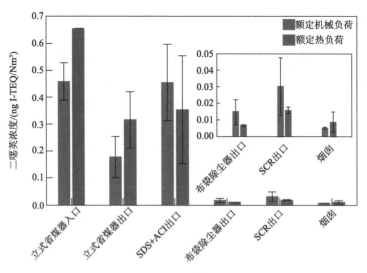

(a)

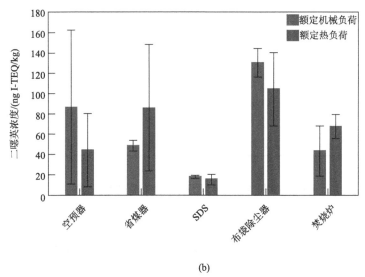

(b)

图 5.6　两种工况下的沿程二噁英浓度

5.1.5　额定机械负荷和额定热负荷对二噁英去除率的影响

为了获得有关烟气中二噁英去除机理的更多详细信息，通过将当前采样位置的二噁英浓度除以下一个采样位置的二噁英浓度来测量二噁英的去除率（ΔRE），如表 5.2 所示。二噁英浓度的正去除率在通过立式省煤器后在不同的操作条件下出现。对于烟气净化系统的结构，应注意的是，排灰口位于立式省煤器下方，因此一些飞灰将被烟气分离，该结果可能有助于提高二噁英浓度的正去除率。另外，额定机械负荷工况下的去除率比额定热负荷工况下的去除率高得多，这可能是由于额定机械负荷工况下还原性气氛（较高的 CO 含量和较低的氧含量）抑制了从头合成。通过 SDS + ACI 系统后，二噁英浓度的负去除率出现在不同的操作条件下，这可能是由于活性炭对二噁英的吸收。在额定机械负荷工况下，二噁英浓度的负去除率将高达 163.69%；而在额定热负荷工况下，二噁英浓度的负去除率则为 13.84%。这些结果可以归因于额定机械负荷工况下的烟气量远高于额定热负荷工况下的烟气量。二噁英浓度通过布袋除尘器后在不同的操作条件下出现了正去除率，这意味着几乎所有具有高二噁英浓度的固体颗粒都被布袋除尘器拦截。结果表明，ACI + BF 去除烟气中二噁英的效率很高，ACI + BF 也很适合去除烟气中的二噁英。二噁英浓度的高负去除率在通过 SCR 后的不同操作条件下出现，这主要是由于"记忆效应"。对于这种类型的烟气净化系统，二噁英浓度的去除率>98.93%，并且烟气净化系统的结构也适合于不同的操作条件。

表 5.2 烟气中二噁英的去除率 （单位：%）

去除率	额定机械负荷	额定热负荷	ΔRE
立式省煤器	63.09	52.80	10.29
SDS+ACI	−163.69	−13.84	−149.85
布袋除尘器	96.77	98.27	−1.50
SCR	−114.61	−176.26	61.65
烟气净化系统	99.23	98.93	0.30

5.1.6 生活垃圾分类对烟气沿程重金属的影响机制研究

对比了分类前（2020 年 4 月采集）和分类后（2021 年 1~5 月采集）飞灰与底灰中的重金属含量（图 5.7）。11 种重金属元素基本可以分为 3 类：（Ⅰ）分类前的飞灰重金属含量大于分类后，但底灰重金属含量却相反，如 Cr 和 Cu；（Ⅱ）分类前的飞灰和底灰重金属含量均小于分类后，如 Mn、Ni、Sb 和 Co；（Ⅲ）分类前的飞灰和底灰重金属含量均大于分类后，如 Pb、As、Zn、Cd 和 Hg。需要指出的是，分类后的飞灰 Ni、Co，分类前的飞灰 Sb，以及分类后的底灰 Cu 等重金属含量的变异系数都比较大。参考相关研究中对 11 种重金属的分类 [（Ⅰ）Cr、Mn、Ni、Co 和 Cu；（Ⅱ）Pb、Sb、As 和 Zn；（Ⅲ）Cd 和 Hg]，上述现象的出现可能与垃圾组分变化影响垃圾热值和焚烧工况（如炉膛温度和一次风与二次风的配比等）以及影响重金属迁移和挥发的化学元素的变化有关，具体分析如下：（Ⅰ）垃圾分类总体降低了进厂垃圾中的其他类组分，进而降低了入炉垃圾中的重金属总量，并导致飞灰中的某些重金属含量降低，而分类后的底灰中 Cr 和 Cu 出现增长的趋势还有待未来持续研究，因为 Cr 和 Cu 的变异系数较大；（Ⅱ）Mn、Ni、Sb 和 Co 均属于低挥发重金属元素，但其挥发性略高于 Cr，焚烧条件优化时其向飞灰的迁移比例增加，不过分类导致进厂垃圾中的不可燃组分含量降低，且厨余垃圾组分含量降低，入炉垃圾热值升高，上述变化理应导致分类后的底灰重金属含量降低，但实际却与理论相反，分类后底灰中的 Mn、Ni、Sb 和 Co 含量也有待未来继续开展研究；（Ⅲ）垃圾分类理应导致进厂垃圾中 Pb、As、Zn、Cd 和 Hg 等重金属的源头输入量减少，进而导致焚烧产物中其含量降低，这一点与理论是相符的。（Ⅱ）和（Ⅲ）差异表明在将来有必要在厘清垃圾组分变化的基础上对不同垃圾组分中的重金属含量特征进行统计。垃圾分类对重金属含量变化特征的影响还需要结合重金属的分布特征来对重金属含量变化进行阐释，这将在后续章节进一步讨论。由于生活垃圾的非均质性较为突出，以及某些重金属如 Sb、Ni、Co 在底灰（倾向富集低挥发重金属）和飞灰（倾向富集半/易挥发重金属）中的"多变性"，基于实际工程尺寸的分类对焚烧产物中重金属含量的影响有待未来持续开展研究。

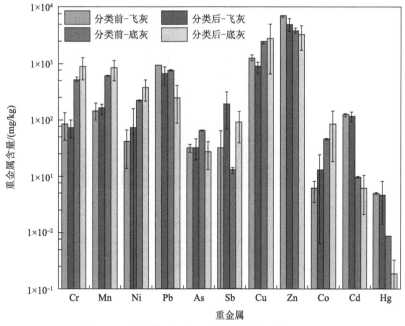

图 5.7　分类前后飞灰和底灰中重金属含量对比

　　对比了分类前后烟气净化前即省煤器出口和烟气净化后即烟囱处的烟气中的
11 种重金属浓度（图 5.8）。很显然，无论是烟气净化前还是净化后，几乎所有的
烟气重金属浓度均表现为分类前大于分类后。在对上海市和台湾地区开展的生活垃
圾焚烧重金属分配特征研究发现，单纯的生活垃圾可燃组分的重金属贡献率相对较
小，重金属贡献率较大的为不可燃组分。生活垃圾分类的最重要贡献便是"三增一
减"，即厨余垃圾、可回收物、有害垃圾分出量增加，其他垃圾清运量减少，这无
疑对烟气重金属浓度的降低起到了积极的促进作用。此外，业内学者一般认为氯会
促进重金属的挥发，且有机氯（如聚氯乙烯）促进重金属挥发的能力高于无机氯（如
NaCl），垃圾分类后垃圾组分最明显的变化便是厨余类组分的减少，而橡塑类组分
相对变化不大，这也是垃圾分类后烟气重金属浓度较分类前减少的另一个重要因素。
　　不能忽视的是某些重金属元素如 Mn（净化前、净化后）、Co（净化前）、Zn
（净化后）和 Hg（净化前）浓度确实表现为分类后大于分类前。生活垃圾组分的巨
大差异及其相同组分中的重金属浓度差异可能是造成上述现象的主要原因。通常认
为纺织类是生活垃圾组分中的 Mn 的主要来源，其他类则对 Zn 的贡献率较大。对
于 Hg，通常认为纽扣电池、荧光灯管和水银温度计等是生活垃圾中 Hg 的主要来源，
但分类后的垃圾中 Hg 浓度理应减少。对于 Co，目前尚没有研究证明其主要贡献
来源。生活垃圾分类后烟气 Hg 和 Co 浓度的增加需要进一步采样分析和验证。

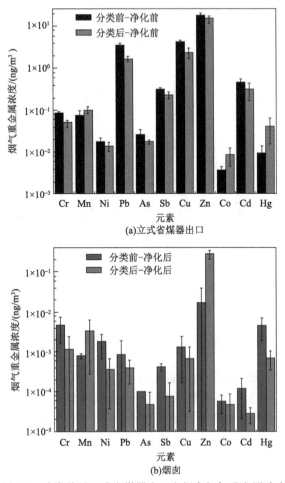

图 5.8   分类前后立式省煤器出口和烟囱烟气重金属浓度

　　生活垃圾分类实施后，焚烧电厂的进厂垃圾中不可燃组分占比明显减少，布袋飞灰以及炉渣的占比则理应较分类前减少。由于目前深圳市生活垃圾分类实施不满一周年，并且垃圾焚烧电厂的物料数据多以年为单位进行统计，因此本项目假设生活垃圾焚烧的主要产物如炉渣和布袋飞灰的产出占比不变。实施生活垃圾分类后飞灰中 Pb、As、Sb、Zn、Cd 和 Hg 的分配比例有所增加，相应地，这些重金属在底灰中的占比便会降低，且烟气 Hg 占比也有所降低。由于飞灰被列为危险废物，而底灰则是一般废弃物，因此通过垃圾分类进一步增加飞灰中的重金属含量，降低重金属向底灰和烟气中的分配是一种"廉价"的降低焚烧电厂重金属环境风险的重要方式，如图 5.9 所示。

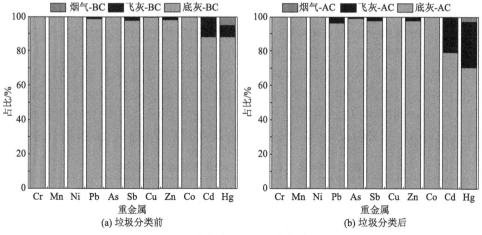

图 5.9　垃圾分类前后重金属分布特征的变化

BC 代表垃圾分类前，AC 代表垃圾分类后

5.2　SCR 脱硝和湿法洗涤系统对二噁英生成与减排的影响

5.2.1　SCR 运行温度对 PCDD/Fs 浓度的影响

图 5.10 为 SCR 运行温度对 PCDD/Fs 浓度的影响。在 230℃下，SCR 入口及出口烟气的 PCDD/Fs 浓度分别为 0.132 ng I-TEQ/Nm^3 和 0.00948 ng I-TEQ/Nm^3。因此，随着烟气通过 SCR 系统，PCDD/Fs 浓度显著降低，去除效率高达 94.311%。而在 SCR 运行温度为 235℃时，SCR 入口和出口的烟气 PCDD/Fs 的浓度分别为 0.00751 ng I-TEQ/Nm^3 和 0.00339 ng I-TEQ/Nm^3，SCR 对 PCDD/Fs 的去除效率为 64.241%，远低于 230℃。这表明在 V$_2$O$_5$-WO$_3$/TiO$_2$ 催化剂上，经过 SCR 系统处理后，PCDD/Fs

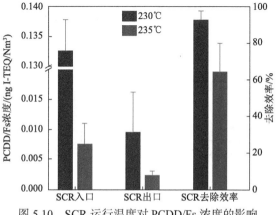

图 5.10　SCR 运行温度对 PCDD/Fs 浓度的影响

浓度明显降低。一般认为在 220～300℃较高的温度有助于分解 PCDD/Fs，但本项目发现 SCR 系统在 230℃时去除 PCDD/Fs 的效率远高于 235℃。这种现象可能是 230℃时 SCR 入口烟气二噁英浓度远高于 235℃所致。

　　SCR 系统对 PCDD/Fs 的去除效率低于 WS+SCR 的组合[1]，如表 5.3 所示。湿法脱酸塔（WS）同样对 PCDD/Fs 具有一定的脱除效果，但低于 SCR。因此，WS+SCR 系统对 PCDD/Fs 较高的去除效率可能是 WS 的处理所致。WS 系统出口的烟气特性如较高的蒸汽含量、较低的 SO_2 含量和较高的碱度对 SCR 系统去除 PCDD/Fs 有负面影响。

表 5.3　SCR 入口浓度对二噁英去除效率的影响

文献	温度/℃	入口/（ng I-TEQ/Nm³）	出口/（ng I-TEQ/Nm³）	烟气净化单元	ΔRE/%
本研究	230	0.132	0.00751	SCR	94.311
	235	0.00948	0.00339		64.241
Mouratib 等[a]	—	12.1	2.9	WS	76.03

a. Mouratib R, Achiou B, Krati M E, et al. Low-cost ceramic membrane made from alumina- and silica-rich water treatment sludge and its application to wastewater filtration[J]. Journal of the European Ceramic Society, 2020, 40(15):5942-5950.

5.2.2　SCR 运行温度对 PCDD/Fs 同系物分布的影响

　　图 5.11 为不同温度下 PCDD/Fs 的同系物分布特征。烟道气通过 SCR 系统时，几乎所有 PCDD/Fs 同系物浓度都出现急剧下降的趋势。230℃时，SCR 前后的 PCDFs 分别占 PCDD/Fs 的 85.94%和 76.31%。SCR 前后，PCDD/Fs 的主要贡献者是 P_5CDF 和 H_6CDF。P_5CDF 在 SCR 入口处贡献了总 I-TEQ 的 59.97%，但在通过 SCR 系统后降低到总 I-TEQ 的 25.30%。同时，SCR 后，H_6CDF 成为 PCDD/Fs 的主要贡献者。235℃时，PCDFs 占 SCR 前 PCDD/Fs 的 83.84%，但经过 SCR 后，PCDD/Fs 急剧降至 45.83%。

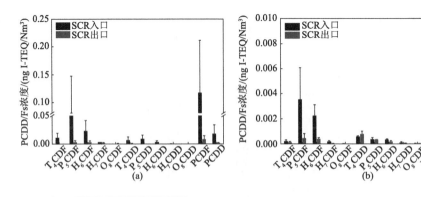

① Mouratib R, Achiou B, Krati M E, et al. Low-cost ceramic membrane made from alumina- and silica-rich water treatment sludge and its application to wastewater filtration[J]. Journal of the European Ceramic Society, 2020, 40(15):5942-5950.

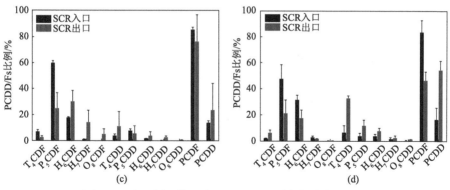

图 5.11　在不同工作温度下 PCDD/Fs 同类物分布的特征

（a）在 SCR 工作温度为 230℃时基于毒性当量 I-TEQ 的 PCDD/F 同类物分布；（b）在 SCR 工作温度为 235℃时基于毒性当量 I-TEQ 的 PCDD/F 同类物分布；（c）在 SCR 工作温度为 230℃时基于 PCDD/F 同系物占比的同类物分布；（d）在 SCR 工作温度为 235℃时基于 PCDD/F 同系物占比的同类物分布

5.2.3　湿式洗涤器对二噁英毒性当量的影响

图 5.12 为两次试验下二噁英毒性当量（TEQ）和相态分布情况。可以看到，烟气经过湿式洗涤器以后，均出现了二噁英 TEQ 浓度快速上升的现象，其 TEQ 浓度分别为 0.032 ng I-TEQ/Nm^3 和 0.026 ng I-TEQ/Nm^3，分别较湿法入口增加 3.45 倍和 3.50 倍。这一现象被描述为"记忆效应"，湿式洗涤塔内部塑料填料在烟道气中二噁英浓度高时会吸收部分二噁英。当设备稳定运行后，烟气二噁英浓度降低，聚丙烯填料中二噁英的解吸造成了湿法塔中二噁英浓度的快速增加。烟气与湿法内部二噁英浓度梯度是吸附和解吸现象发生的驱动因素。此外，烟气中二噁英同系物在烟道流动中发生了迁移转化，主要趋势为高氯代二噁英同系物转化为低氯代二噁英同系物，其具有更强的毒性。这是经过湿法洗涤后二噁英毒性当量快速增加的直接原因。

由于高氯代二噁英同系物蒸气压较低，易被烟气颗粒吸附，且吸附后较难从颗粒物中释放出来。烟气颗粒沉积现象是导致同系物比例变化和毒性当量增加的潜在原因。经过 SCR 后，PCDDs 的质量浓度占比超过 PCDFs，特别是 OCDD 等低毒性同系物的占比增加，这是 SCR 出口处二噁英毒性当量浓度迅速下降的原因之一。另外，试验 1 中烟囱入口检测到的二噁英总浓度高于 SCR 出口处，这是由于 SCR 出口点位和烟囱进口点位之间不存在任何污控设施，仅有一台风机鼓风吹动烟气流向烟囱。由于采样条件的限制，SCR 采样点设置在 SCR 出口一个竖直短管处，烟气中温度约存在 20℃的波动，不可避免的湍流可能会带来检测结果的波动。

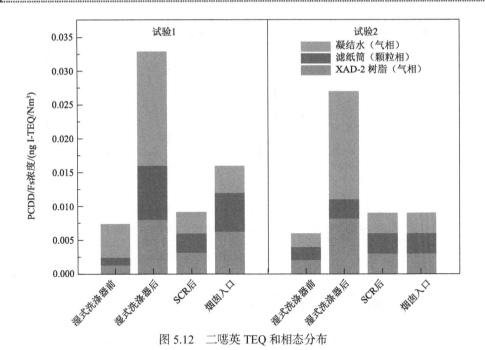

图 5.12   二噁英 TEQ 和相态分布

5.2.4   湿式洗涤器对二噁英同系物分布的影响

　　二噁英同系物在 4 个烟气采样点位的质量浓度和毒性当量浓度情况见图 5.13。4 个采样点位高氯代二噁英同系物（HxCDD/Fs、HpCDD/Fs、OCDD/Fs）占比均远高于低氯代二噁英同系物（PeCDD/Fs、TCDD/Fs）。具体地，仅 OCDD 和 1,2,3,4,6,7,8-HpCDD 之和就占总 PCDDs 浓度的 60.2%～96.5%（WS 出口为 60.2%）；OCDF、HpCDFs 和 HpCDFs 浓度之和占据了总 PCDFs 浓度的 56.4%～96.4%（WS 出口为 56.4%）。随采样点位的变化，两次试验中同系物的分布情况也出现了相应的变化，试验 1 和试验 2 的不同采样点位呈现出相似的变化规律。经过 WS 以后，气相和固相二噁英均出现了高氯代二噁英同系物的质量浓度比例降低，低氯代二噁英同系物的质量浓度比例上升的现象。但是，固相二噁英的分布情况仅发生了轻微的改变。这表明湿式洗涤器中的"记忆效应"主要对气相二噁英的分布造成显著影响，而对固相二噁英影响微小。这一结果主要原因可能是高氯代二噁英同系物具有相对较低的蒸汽压。低蒸汽压使其容易被烟气颗粒吸附，因此很难再次从颗粒物中释放出来，从而导致二噁英同系物的不同分布。

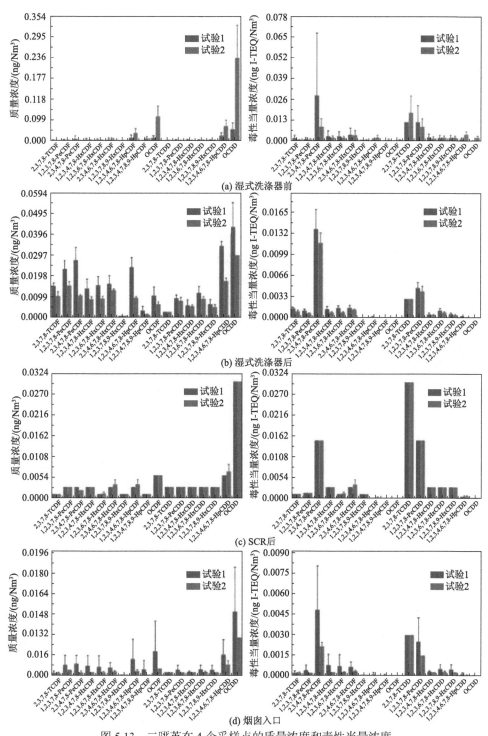

图 5.13　二噁英在 4 个采样点的质量浓度和毒性当量浓度

综上所述，湿式洗涤器的"记忆效应"主要在以下三方面起作用：①提高二噁英的总质量浓度；②增加低氯代二噁英同系物占比；③增加 PCDFs 的占比。这三方面主要对二噁英质量浓度、毒性当量浓度的增加及烟气中二噁英同系物的分布产生影响。

5.3　二噁英抑制剂研发及中试研究

5.3.1　不同种类抑制剂对 PCDD/Fs 的抑制影响

探究了聚磷酸铵（高聚）、磷酸氢二铵、氮硫基抑制剂对二噁英生成的抑制作用；全面探究了在高浓度二噁英生成条件下抑制剂的种类、用量对二噁英抑制效果的影响。空白实验中生成了高浓度的 PCDD/Fs（质量浓度为 4968.8 ng/g，毒性当量浓度为 384.8 ng I-TEQ/g），约比此前研究的模拟体系高出 4 倍。空白实验模拟了高浓度二噁英生成的特殊情况，足以突出抑制剂的抑制作用。与之前的研究相似，超过 99% 的二噁英吸附在反应完的模拟飞灰中。PCDFs 与 PCDDs 的比值达到了 7.3，表明 PCDFs 优先在从头合成反应中生成。由于 $CuCl_2$ 具有较强的催化氯化能力，PCDD/Fs 同系物的平均氯化度达到了 6.6。

抑制实验结果表明，3 种抑制剂对 PCDFs 与 PCDDs 的比值和 PCDD/Fs 同系物的平均氯化水平均有影响。此外，在相同添加量（1%）的条件下，不同种类的抑制剂对二噁英的生成表现出不同的抑制作用，具体如表 5.4 所示。与空白组相比，添加不同抑制剂后，PCDFs 与 PCDDs 的比值明显增加，从 7.3 增加到 9.9～14.8。结果显示氮硫基抑制剂（TUA）对 PCDDs 的抑制作用明显优于 PCDFs，这与以往的研究一致。3 种抑制剂加入后，PCDFs 同系物和 PCDDs 同系物的平均氯化度均有不同程度的提高，分别从 6.5 增加到 6.6～6.7 和从 7.2 增加到 7.4～7.6。此前在危险废物焚烧中添加硫酸铵的实验也发现了类似的现象，硫酸铵的添加导致焚烧后烟气和飞灰中 PCDD/Fs 平均氯化度的增加。结果表明，在抑制二噁英生成方面，多聚磷酸铵 APP（高聚）和氮磷抑制剂（DAP）可能具有与 TUA 类似的抑制机制。当抑制剂添加量为 1% 时，DAP 对 PCDD/Fs 的抑制效率为 98.6%，而 TUA 和 APP（高聚）的抑制效率仅达到 60% 以上（分别为 63.6% 和 60.4%）。3 种抑制剂对 I-TEQ 抑制效率的顺序与对 PCDD/Fs 抑制效率相同，为 DAP（98.8%）>TUA（71.4%）>APP（高聚）（69.7%）。相关研究发现抑制剂较高添加量（8%）的条件下，在 TUA 和 ADP 作用下，PCDD/Fs（I-TEQ）分别降低了 97.2%（96.4%）和 98.2%（96.7%）。实验结果表明，与 TUA 相比，DAP 对二噁英的抑制效果更好，而本项目新发现的 APP（高聚）对二噁英的抑制效果与 TUA 相似。

表 5.4 添加不同抑制剂对 PCDD/Fs 的抑制效果

项目	空白	1% TUA	1% DAP	1% APP（高聚）	单位
PCDFs	4373.4	1695.1	62.8	1830.1	ng/g
PCDDs	595.4	114.5	6.0	180	ng/g
PCDFs/PCDDs	7.3	14.8	10.6	9.9	%
$\sum$PCDD/Fs	4968.8	1809.6	68.8	1966.3	ng/g
I-TEQ	384.8	110.2	4.5	116.5	ng I-TEQ/g
PCDFs 抑制效率	0	61.2	98.6	59.2	%
PCDDs 抑制效率	0	80.8	99.0	69.8	%
PCDD/Fs 抑制效率	0	63.6	98.6	60.4	%
毒性当量抑制效率	0	71.4	98.8	69.7	%
Cl-PCDFs	6.5	6.7	6.6	6.7	平均氯化度
Cl-PCDDs	7.2	7.4	7.6	7.4	

5.3.2 抑制剂添加量对 PCDD/Fs 抑制效率的影响

对 3 种抑制剂分别设置了添加量梯度实验以探究抑制剂添加量对二噁英生成的抑制作用。图 5.14 从左到右显示了 3 种抑制剂在各自添加量梯度下对 17 种 PCDD/Fs 同系物、总 PCDFs 生成量、总 PCDDs 生成量、总 PCDD/Fs 生成量和 TEQ 的抑制效率。总体来讲，随着各抑制剂添加量的增加，PCDFs、PCDDs、PCDD/Fs 和 I-TEQ 的抑制效率均呈现上升趋势。当 TUA 和 APP 的添加量增加到 2% 时，对 PCDDs（I-TEQ）和 PCDFs（I-TEQ）的抑制效率分别达到 94.5%（95.3%）和 83.1%（80.7%）。当 DAP 用量降低到 0.5% 时，对 PCDD/Fs（I-TEQ）的抑制效率为 68.5%（76.9%），进一步表明 DAP 在较低添加量的条件下也对 PCDD/Fs 具有良好的抑制作用。如上所述，TUA 对 PCDDs 的抑制效率大于对 PCDFs 的抑制效率，这在折线图中可以清楚地反映出来。关于对 PCDDs 和 PCDFs 的抑制效率比较，APP 出现了与 TUA 相同的现象，而 DAP 对 PCDDs 和 PCDFs 有相似的抑制作用。此外，在不同添加量的条件下，各抑制剂对 I-TEQ 的抑制效率基本大于对 PCDD/Fs 的抑制效率。这说明抑制剂对具有较高 TEF 的 PCDD/Fs 同系物具有较强的抑制作用，对低氯代 PCDD/Fs 同系物的抑制效率高于对高氯代 PCDD/Fs 同系物的抑制效率。在 PCDDs 中，抑制剂对 2,3,7,8-TCDD 和 1,2,3,7,8-PeCDD 的抑制作用高于其他的 PCDDs 同系物。

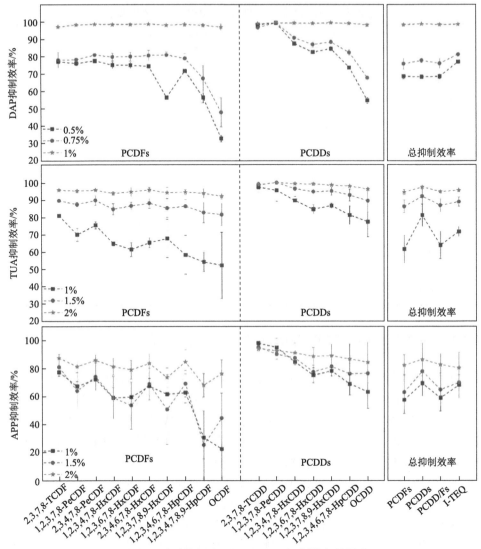

图 5.14　抑制剂用量对 PCDD/Fs 抑制效率的影响

5.3.3　抑制机制分析

利用 X 射线光电子能谱（XPS）分析了二噁英生成的 3 个关键元素 Cu、Cl 和 C 在从头合成反应过程中的形态变化。从左到右，图 5.15 展示 Cu、Cl、C 的 XPS 分析，从下到上显示了 3 种抑制剂作用后各元素相对于空白实验的形态变化。为了更明显地观察这 3 种元素的形态变化，选择抑制剂添加量最大的实验样品进行测试。使用 XPSpeak 4.1 对 XPS 曲线进行峰值拟合分析。

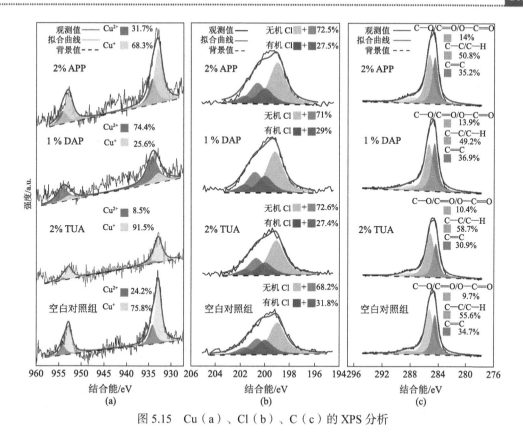

图 5.15　Cu（a）、Cl（b）、C（c）的 XPS 分析

　　对 3 种抑制剂的抑制机制进行了总结，如图 5.16 所示。在 PCDD/Fs 生成过程中，$CuCl_2$ 发挥了重要作用，有机氯的生成取决于 Cu^{2+} 到 Cu^+ 的转化速率。相关研究指出，$CuCl$、$CuCl_2$ 或它们之间的相互转化可以被认为催化 PCDD/Fs 的生成。加入 TUA 后，$CuCl_2$ 转化为 CuS_2 和 Cu_2S。加入 DAP 和 APP 后，$CuCl_2$ 分别转化为 $CuHPO_4$ 和 $Cu_2P_2O_7$。可以认为，重金属钝化降低了对二噁英生成的催化作用是抑制二噁英生成的机理之一。在从头合成过程中生成 PCDD/Fs 的另一个重要因素是 Cl。以往研究表明，HCl 的氯化作用几乎可以忽略不计，但 HCl 通过迪肯（Deacon）反应生成的 Cl_2 是一种活跃的氯化剂，在从头合成过程中参与芳香族结构的取代反应。本研究发现 3 种抑制剂与 $CuCl_2$ 反应产生了 NH_3，TUA 与 $CuCl_2$ 反应时额外产生了 SO_2。NH_3 可能与 HCl 反应生成 NH_4Cl，这将抑制 Deacon 反应。此外，SO_2 会与 Deacon 反应生成的 Cl_2 和 H_2O 发生反应生成 HCl 及 SO_3，这将影响苯氯化生成氯苯。因此，氯源的消耗是阻碍 PCDD/Fs 生成的另一种机制。

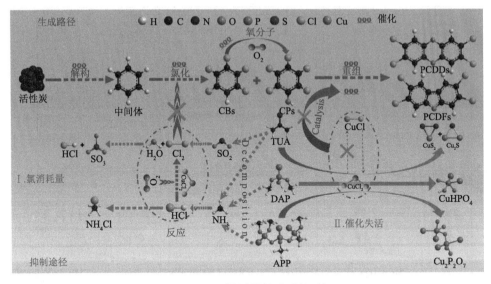

图 5.16　3 种抑制剂的抑制机制

5.3.4　中试试验抑制剂对 PCDD/Fs 浓度和相分布的影响

为了确定对 PCDD/Fs 沿烟道的抑制作用，将控制和抑制试验期间 3 个飞灰点与两个烟气取样点的 PCDD/Fs 质量浓度及毒性当量浓度结合分析，如图 5.17 所示。在 HF-1 出口粉煤灰中检测到的 PCDD/Fs 浓度较低，分别为 0.0466 μg/kg 和 0.0477 μg/kg（0.0017 μg I-TEQ/kg 和 0.0016 μg I-TEQ /kg），主要原因可能是 HF-1 出口上方烟道的高温（850～600℃）。在较高的温度区间内，PCDD/Fs 前驱体的结构被分解，从而抑制了 PCDD/Fs 的生成。相应地，在 PCDD/Fs 浓度极低的条件下，抑制效果不明显。同样地，当 HF-4 出口烟道温度降低到 230℃时，产生高浓度的 PCDD/Fs，即 2.4413 μg/kg（0.0598 μg I-TEQ/kg）。连续喷氮硫基抑制剂可明显抑制 HF-4 出口 PCDD/Fs 的生成，抑制试验结果仅为 0.2112 μg/kg（I-TEQ 浓度为 0.0165 μg/kg），抑制效率为 91.3%（I-TEQ 抑制效率为 72.4%）。随后，在 FF 出口产生了双重的 PCDD/Fs，达到 5.2428 μg/kg（0.1974 μg I-TEQ/kg）。在抑制试验中注入氮硫基抑制剂可将 PCDD/Fs 浓度降低至 3.7976 μg/kg（0.1308 μg I-TEQ/kg），抑制效率为 27.6%（I-TEQ 抑制效率为 33.8%）。

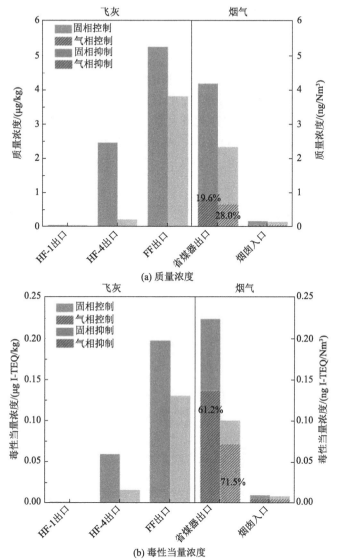

图 5.17　控制和抑制试验期间飞灰与烟气中 PCDD/Fs 浓度

HF-1 代表过热器第一灰口；HF-4 代表过热器第四灰斗；FF 代表布袋除尘器

5.3.5　抑制剂对 PCDD/Fs 的抑制机理

如图 5.18 所示，在 20℃/min 的升温速率下，从室温到 1000℃得到 TG 和差热（DTG）结果。分解曲线可分为 3 个初级阶段。第一阶段在室温到 240℃的范围内，在这一阶段几乎没有观察到体重下降。前人研究表明，分解曲线第一阶段通常涉及水分蒸发，该阶段未发生热解。该阶段硫脲没有失重，说明硫脲在实验前已经干燥得很好。在加热过程第二阶段（240～400℃），失重约为58.4％，这是分解的主要阶段。由 TG 曲线和质谱分析可知，硫脲在第二阶段迅速分解并生成多种物质。根据标准谱库,观察到NH₃和SO₂的离子电流强度,质量/电荷比（m/z）分别为 17 和 64。以前的研究表明，这些还原气体可以与催化金属和氯源反应，有助于减少 PCDD/Fs。值得一提的是，DTG 曲线在 290℃时达到峰值。相应地，NH₃ 离子电流强度在近 290℃时达到最大值，为 7.00×10^{-12} A；SO₂ 离子电流强度在 310℃时达到最大值，为 1.00×10^{-12} A。结合 XPS 分析，在讨论中进一步解释其抑制机制。在第三阶段（400～1000℃），失重 22.8%。在 620℃时，NH₃ 和 SO₂ 的离子电流强度趋于零。

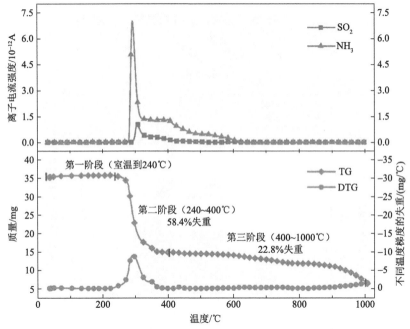

图 5.18　实验室抑制剂的 TG-MS 结果

抑制剂在 HF-4 出口表现出显著的抑制效率（91.3％），抑制机理见图 5.19，硫脲释放的 SO₂ 和 NH₃ 可以与 Cl₂ 反应生成 HCl 与 NH₄Cl。相应地，氯化能力明显减弱，PCDD/Fs 的形成可以被有效抑制。XPS 结果显示，有机氯向无机氯的转化与该抑制途径高度一致。SO₂ 和 SO₃ 与 Cu 催化剂（主要是 CuCl₂）通过反应生成 CuSO₄，认为是对 Cu 催化剂进行了毒害，从而降低了催化剂的催化活性。根据上文的分析，无机硫含量的提高可以证明这一途径。总的来说，硫脲既阻碍了从头合成，又阻碍了烟气和飞灰中的前体氯化。然而，抑制作用可能是不同的。对于烟气中的 PCDD/Fs，抑制从头合成占主导地位。对于粉煤灰中的 PCDD/Fs，该抑制剂能较好地抑制前驱体氯化反应。

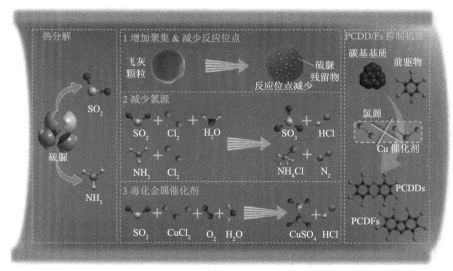

图 5.19　抑制剂对 PCDD/Fs 的潜在抑制机理

5.4　常规污染因子与二噁英排放的交互作用机理

烟气中 O_2 含量与二噁英浓度呈现出较好的相关性，拟合曲线关系为 $y = y_0 + A_1 e^{-x/t_1}$，其中 y_0=0.603、A_1=1.92 × 10^{46}、t_1=0.05675，如图 5.20（a）所示，相关系数（R^2）为 0.829。此外，当水平烟道处 O_2 含量高于 6.7% 时，PCDD/Fs 浓度可降低 83.85%。

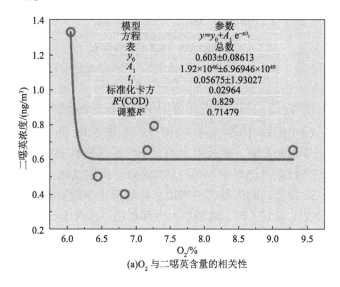

(a)O_2 与二噁英含量的相关性

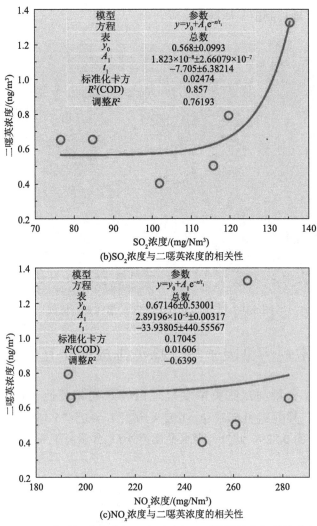

(b)SO_2浓度与二噁英浓度的相关性

(c)NO_x浓度与二噁英浓度的相关性

图 5.20 水平烟道处常规污染因子与二噁英排放的相关性分析

烟气中 SO_2 浓度(C_{SO_2})与二噁英浓度间呈现出较好的相关性($y = y_0 + A_1 e^{-x/t_1}$，其中 y_0=0.568、A_1=1.823×10^{-8}、t_1=−7.705)，如图 5.20（b）所示，相关系数为 0.857。当温度低于 500℃时，硫析出率的大小与碳基燃料中硫的赋存形式有关；当温度达到 500℃时，碳基燃料中25%～35%的硫会析至气相中；当温度达到700～800℃时，对于 Si 含量高的碳基燃料来说，硫的析出率随着温度的继续升高而显著增加；当温度到达 1150℃时，硫基本上全部析出，而对于 Si 含量较低的碳基燃料来说，硫的析出率随着温度的继续升高变化不显著，此时仍有 20%～50%的硫滞留在灰中。垃圾中含有砖瓦陶瓷（1.16%）及玻璃（1.79%）等 Si 含量较高的无机组分，故生活垃圾属于高硅碳基燃料。对高硅碳基燃料而言，当温度达到 700～800℃时，随着燃烧温度增加，硫的析出率随之增加。运行中，为保证超低排放，采用"3T+E"（温度、时间、湍流度和过量氧气控制）技术，故炉膛温度常为 950～1150℃。通过对比图 5.20（a）、（b），水平烟道处 O_2 含量与 SO_2 浓度之间呈明显的负相关。研究表明，当 O_2 含量超过碳基燃料的理论过量空气系数时，随着 O_2 含量进一步增大，烟气温度降低，致使硫的析出率降低，故水平烟道处 SO_2 浓度降低。因此，对于水平烟道的前端工艺而言，SO_2 对二噁英的影响主要来源于 O_2 对二噁英的影响。上述分析结果与本书数据结果基本一致，即当水平烟道处 SO_2 浓度低于 120.043 mg/Nm³ 时，PCDD/Fs 浓度可降低 49.197%。NO_x 浓度与二噁英浓度不呈现线性相关性，如图 5.20（c）示。

表 5.5 为水平烟道处常规污染因子与二噁英同系物的相关性分析。从 R^2 数值来看，O_2、SO_2 与 17 种二噁英同系物之间的相关性较大。相比 PCDDs，O_2、SO_2 对 PCDFs 的影响更大，这说明 O_2、SO_2 浓度对二噁英的合成途径有显著影响。由于水平烟道处烟气温度较高，同时位于燃烧室之后，二噁英浓度受高温分解作用大于低温异相催化的影响。由于二噁英的生成和分解是同时进行的，当水平烟道 O_2 含量低于 6% 时，此时 O_2 含量过低无法满足垃圾的有效焚烧，导致炉膛温度较低及灰渣残碳含量较高，使二噁英的高温热分解作用削弱而低温合成作用加强，故二噁英在水平烟道处的排放浓度较高；当水平烟道处 O_2 含量为 6%～6.5% 时，此时炉膛内的 O_2 含量可保证垃圾的有效燃烧，同时释放大量热量，使得炉膛温度增加，二噁英的高温热分解作用加强，同时灰渣的残碳含量降低，二噁英的低温合成作用减小，故二噁英的排放浓度急剧降低；随着 O_2 含量继续增至 9.5%，垃圾燃烧更加完全，但此时 O_2 含量的增加会降低炉膛温度，使得二噁英的高温热分解作用削弱，而灰渣的残碳含量微幅降低，炉膛温度及灰渣残碳含量可交互作用于二噁英的分解及合成，使其排放浓度表现出复杂变化趋势。

表 5.5　水平烟道处常规污染因子与二噁英同系物的相关性分析

组分	$y_0 \times 100$			A			T			R^2		
	O_2	SO_2	NO_x	O_2	SO_2	NO_x	O_2	SO_2	NO_x	O_2	SO_2	NO_x
2,3,7,8-TCDF	1.36	1.67	2.28	1.8×10^6	5.6×10^{-13}	-6.3×10^{-11}	0.34	−5.44	26.52	0.900	0.849	0.001
1,2,3,7,8-PeCDF	1.31	1.23	1.67	3.7×10^{31}	8.9×10^{-10}	-3.2×10^{-27}	0.08	−8.04	−5.07	0.972	0.995	0.056
2,3,4,7,8-PeCDF	19.31	17.84	25.42	2.5×10^{41}	6.9×10^{-9}	-4.9×10^{-29}	0.06	−7.65	−4.53	0.948	0.972	0.026
1,2,3,4,7,8-HxCDF	5.13	4.78	5.85	1.1×10^{24}	1.6×10^{-8}	6.5×10^{-9}	0.10	−8.98	−21.04	0.694	0.747	0.005
1,2,3,6,7,8-HxCDF	6.22	5.37	6.41	1.3×10^5	7.9×10^{-9}	1.7×10^{-10}	0.19	−8.57	−16.20	0.021	0.639	0.007

续表

组分	$y_0 \times 100$			A			T			R^2		
	O_2	SO_2	NO_x	O_2	SO_2	NO_x	O_2	SO_2	NO_x	O_2	SO_2	NO_x
2,3,4,6,7,8-HxCDF	10.42	9.14	10.84	1.2×10^6	2.4×10^{-9}	7.3×10^{-10}	0.25	−7.67	−16.57	0.037	0.642	0.015
1,2,3,7,8,9-HxCDF	0.48	0.48	0.46	6.7×10^{33}	1.0×10^{-61}	8.6×10^7	0.07	−1.01	−7.85	0.159	0.161	0.174
1,2,3,4,6,7,8-HpCDF	3.29	2.79	3.45	1.0×10^{-6}	2.1×10^{-9}	2.9×10^{-5}	0.00	−8.21	9.6×10^{94}	0.000	0.553	0.000
1,2,3,4,7,8,9-HpCDF	0.76	0.74	0.73	9.16×10^{10}	1.4×10^{-11}	4.5×10^{10}	0.15	−6.92	−6.37	0.036	0.243	0.171
OCDF	0.35	0.38	5676	5.3×10^{11}	5.8×10^{11}	−0.568	0.15	−0.07	-4.3×10^6	0.037	0.000	0.117
2,3,7,8-TCDD	2.14	2.06	3.22	2.5×10^9	2.5×10^{-8}	-2.5×10^{-65}	0.24	−9.47	−1.95	0.938	0.936	0.141
1,2,3,7,8-PeCDD	3.52	3.28	4.45	2.6×10^{41}	1.8×10^{-9}	-4.5×10^{-63}	0.06	−7.90	−2.03	0.924	0.951	0.044
1,2,3,4,7,8-HxCDD	0.97	0.81	0.89	6.6×10^2	6.0×10^{-10}	2.7×10^{42}	0.00	−8.28	1.87	0.000	0.485	0.101
1,2,3,6,7,8-HxCDD	2.08	1.97	1.79	3.8×10^{105}	2.1×10^{12}	1.5×10^8	0.00	−1.04	8.21	0.000	0.018	0.251
1,2,3,7,8,9-HxCDD	1.49	1.31	1.50	5.6×10^6	1.1×10^{-10}	-9.7×10^{-5}	0.00	−7.40	3.2×10^{89}	0.000	0.306	0.000
1,2,3,4,6,7,8-HpCDD	2.37	2.13	2.14	1.8×10^8	1.3×10^3	3.6×10^{18}	0.19	−6.74	4.09	0.003	0.239	0.171
OCDD	0.55	0.55	0.47	3.3×10^{34}	3.0×10^{-5}	1.5×10^8	0.07	−6.7E89	5.21	0.002	0.000	0.097

注：$y_0 \times 100$ 表示初始状态；A 表示 x 趋向无穷大时 Y 偏离 Y_0 的幅度；T 表示时间常数。

5.5 焚烧飞灰高效深度稳定化技术

5.5.1 不同配比及烧结温度对样品宏观形貌的影响

为研究不同原材料配比对烧结的影响，根据采集飞灰的组成及陶瓷烧结中主要作用成分，将 Al_2O_3 进行不同比例的添加，制备 3 个陶瓷体系，体系中 Al_2O_3 与飞灰（FA）的比例（质量比）如下：Al_2O_3：FA=1：1、Al_2O_3：FA=1：3 和 Al_2O_3：FA=3：1。各组分在球磨机中进行充分混合，然后烘干压片。压制好的片状样品在马弗炉中进行烧结，温度设置为 700℃、800℃、900℃、1000℃，烧结时间设定为 3h。

3 个反应体系（Al_2O_3：FA=1：1、Al_2O_3：FA=1：3 和 Al_2O_3：FA=3：1）经过 700℃、800℃、900℃、1000℃4 个不同温度的热处理，片状样品在颜色上发生了较大变化，从原始状态的灰色变为绿色（3FA-1 系列）或者白色（FA-1、FA-3

系列），表明烧结导致样品发生了不同的变化，而不同配比和烧结温度也会影响烧结过程中样品的反应机理。

5.5.2　不同配比及烧结温度对样品微观形貌及赋存物相的影响

如图 5.21 所示，通过 Al_2O_3 的不同添加比例调节了反应体系，其经过 1000℃烧结后，形貌发生了较大的变化。整体来讲，经过陶瓷烧结，最终产品为多孔状结构，对于飞灰含量较多的 3FA-1 系列，烧结后的材料中有结晶的颗粒均匀散布；FA-1 系列经过 1000℃烧结后，有大片晶体相区域，晶体相排布呈片层状；Al_2O_3添加量较多的 FA-3 系列烧结后，有结晶熔融层包裹。

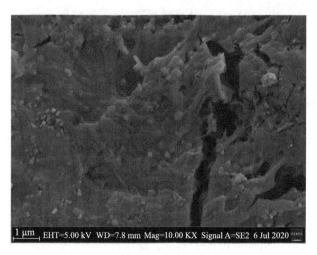

(a) 3FA-1-1000℃

(b) FA-1-1000℃

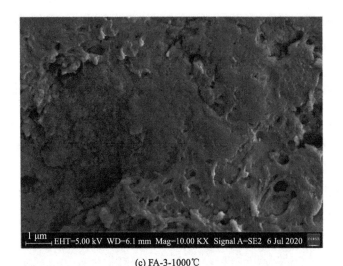

(c) FA-3-1000℃

图 5.21　不同反应体系经过 1000℃烧结后的微观形貌变化

5.5.3　不同配比及烧结温度对样品重金属热稳定化效果的影响

对烧结产物及原始飞灰样品进行了毒性浸出程序（TCLP）浸出测试，以确保处理后产品的稳定性和长期安全性。对于 FA-1 和 FA-3 系列的样品，浸出液的最终 pH 与原始飞灰样品浸出之后液体的 pH 接近，随着不同的烧结温度，pH 相对稳定。FA-3 系列的样品，随着烧结温度的升高，浸出液的 pH 有下降趋势，并且整体 pH 范围低于 FA-1 及 FA-3 系列，所有浸出液均为碱性。

对不同金属的浸出浓度进行了测试，烧结产品中的铝浸出率比原始飞灰大，如图 5.22（a）所示，主要是 Al_2O_3 的添加所致。Mg 的浸出率随着温度的升高而下降，如图 5.22（b）所示，FA-3 系列中 Mg 浸出量最大，3FA-1 及 FA-1 系列中的 Mg 浸出量与原始飞灰中的 Mg 浸出量相当。3 个体系中，Fe 的浸出量很低，与原始飞灰中的浸出量相比，变化较小，这与飞灰中 Fe 含量低有关，如图 5.22（c）所示。调控烧结后，Cu 的浸出量大大降低，FA-3 和 FA-1 系列中 Cu 的浸出量低于 10 ppb[①]，如图 5.22（d）所示。Zn 的浸出量在烧结后变化较为明显，原始飞灰浸出中 Zn 的浸出量为 1800 ppb，而烧结产物中 Zn 的浸出量低于 20 ppb，如图 5.22（e）所示。Pb 的浸出量变化最大，原始飞灰中 Pb 的浸出量大于 16000 ppb，而烧结产物中 Pb 的浸出量低于 100 ppb，当烧结温度大于 900℃时，Pb 的浸出量约为 50 ppb，如图 5.22（f）所示。

---

① 1 ppb=10^{-9}。

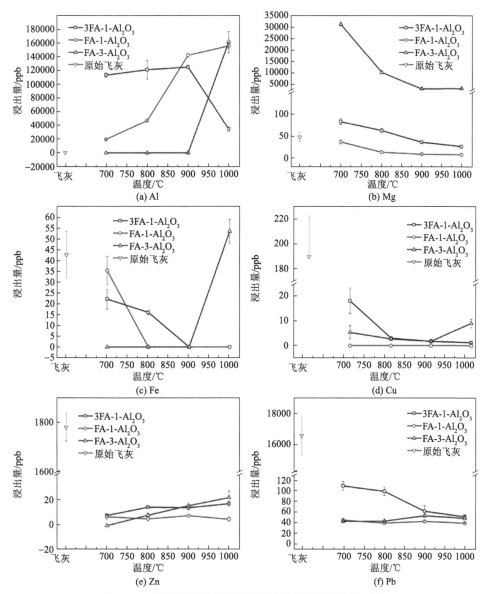

图 5.22　不同反应体系经过烧结后各金属的浸出量对比

5.6　焚烧飞灰的资源化利用研究

5.6.1　基于焚烧底渣的陶瓷膜制备及性能研究

将生活垃圾焚烧底渣和飞灰作为主要原料,使用固态粒子烧结法制备陶瓷膜,对产品开展表征测试。随后,通过测定陶瓷膜重金属浸出量判断产品安全性,采用不同种类模拟工业废水进行分离测试,判断其分离效果,对陶瓷膜的耐腐蚀性、重复利用性进行评价。

在不同烧结温度下以硅铝摩尔比 $n_{Si}:n_{Al}=2.0:1$ 制备底渣陶瓷膜,采用 X 射线衍射(XRD)进行晶相解析,结果如图 5.23 所示。焚烧底渣陶瓷膜在烧结后主要赋存物相为石英(SiO_2,PDF#99-0088)、硅灰石($CaSiO_3$,PDF#27-0088)、钙铝黄长石($Ca_2Al_2SiO_7$,PDF#35-0755)、橄榄石(Ca_2SiO_4,PDF#33-0302)。随着烧结温度的升高,SiO_2 峰强减弱,$CaSiO_3$ 和 $Ca_2Al_2SiO_7$ 峰强增强。钙铝黄长石是 Al_2O_3-SiO_2-CaO 体系的主要产物之一,额外加入的 Al_2O_3 也会有利于生成 $Ca_2Al_2SiO_7$,SiO_2 与 $CaCO_3$ 结合生成 $CaSiO_3$ 和 Ca_2SiO_4。在 900℃ 和 950℃ 时,SiO_2 的峰强度要大于 $CaSiO_3$ 和 $Ca_2Al_2SiO_7$ 的峰强度,而在 1000℃ 和 1050℃ 时,SiO_2 的峰强度显著减小,说明在 1000℃ 之后,这 3 个相的转化程度增加。而在 1100℃ 时,由于温度过高,样品内部开始熔化,大部分结晶相的峰强度减弱甚至消失。

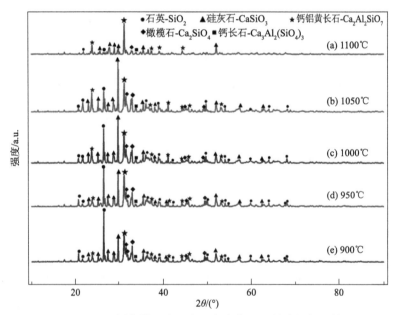

图 5.23   不同烧结温度下底渣陶瓷膜的 X 射线衍射图谱

图 5.24 为不同烧结温度下底渣陶瓷膜的扫描电子显微镜(SEM)图像(900℃、950℃、1000℃、1050℃ 和 1100℃),图 5.25 为不同烧结温度下底渣陶瓷膜烧结前后的变化,底渣陶瓷膜表面无明显裂纹或其他缺陷。在烧结过程中,CO_2 等气体的产生使底渣陶瓷膜表面形成气孔。随着烧结温度的升高,底渣陶瓷膜的颜色逐渐加深,表面的气孔数量增多,底渣陶瓷膜呈现出数量更多、面积更大的孔洞,

且颗粒间融合越来越紧密。因为在烧结的过程中会发生致密化过程，膜体间的气孔会通过晶界聚集到较大的气孔周围，形成更大的气孔，且向外部扩散。

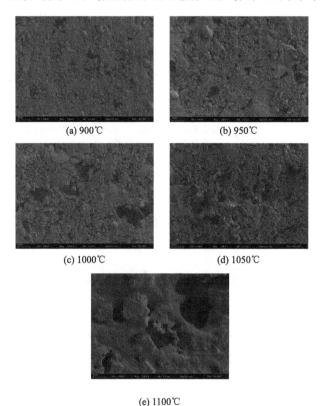

(a) 900℃　　　　　　　　　　　(b) 950℃

(c) 1000℃　　　　　　　　　　(d) 1050℃

(e) 1100℃

图 5.24　不同烧结温度下底渣陶瓷膜的扫描电子显微镜图像

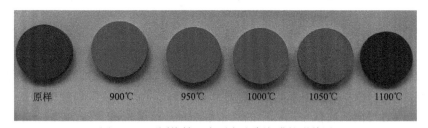

图 5.25　不同烧结温度下底渣陶瓷膜的形貌图

综合底渣陶瓷膜的机械性能、纯水通量和对重金属的分离性能，900℃下烧结的底渣陶瓷膜孔径小，纯水通量过低；1050℃和1100℃下纯水通量过大，对重金属的截留效果差，因此，950℃和 1000℃为最佳烧结温度。考虑到节约资源、降低能耗，选择 950℃作为底渣陶瓷膜的烧结温度进行后续的研究。

由图 5.26 可知，不同硅铝摩尔比下底渣陶瓷膜烧结后主要的结晶相为石英（SiO_2，PDF#99-0088）、硅灰石（$CaSiO_3$，PDF#27-0088）、钙铝黄长石（$Ca_2Al_2SiO_7$，PDF#35-0755）和其他结晶相。随着硅铝摩尔比的增加，$CaSiO_3$ 和 $Ca_2Al_2SiO_7$ 的峰强一直在升高，SiO_2 的峰强呈现先升高后降低的趋势。硅铝摩尔比从 1.0∶1 上升到 2.0∶1 时，SiO_2 峰的升高归因于烧结过程中固相和液相之间反应；当硅铝摩尔比从 2.0∶1 上升到 3.0∶1 时，SiO_2 的峰强开始下降，这是可能是由于 SiO_2 过量，矿物的结晶程度降低。

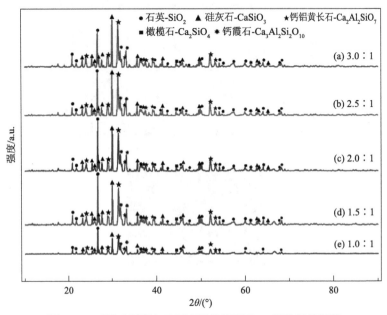

图 5.26 不同硅铝摩尔比下底渣陶瓷膜的 X 射线衍射图谱

总之，底渣陶瓷膜对 Pb^{2+} 的分离效果在混合重金属和单一重金属体系中都是最高的，接近完全截留；对 Cu^{2+} 和 Cr^{3+} 的截留效果在混合体系中高于在单一体系中；对 Ni^{2+} 的截留效果最差；对底渣陶瓷膜进行六轮循环过滤，前三轮的分离率维持在 85% 左右，后三轮的分离率提升到了 97% 以上；底渣陶瓷膜中的 As、Pb、Ni、Co、Cd 浸出浓度低于国标中的污水最高排放浓度标准，Cr、Cu、Zn 的浸出浓度较高；在强碱环境下的抗腐蚀能力要优于强酸环境。

5.6.2 基于焚烧飞灰的陶瓷膜制备及性能研究

飞灰中 $CaCO_3$ 的含量已达到 45%，若加入 $CaCO_3$ 作为成孔剂反而会对膜孔造成堵塞，所以选取淀粉作为成孔剂。且飞灰中氯化物的含量高，相较于底渣陶瓷膜，需降低压片时的压力，防止胚体产生裂纹，降低机械强度。将焚烧飞灰/水洗飞灰颗粒与 γ-Al_2O_3 以质量比 3：1 在无水乙醇中混合，向其中加入 10 wt%的淀粉作为成孔剂和 10 wt%的聚乙酸乙烯酯（PVA）溶液作为黏合剂，使用研钵进行研磨混合均匀。待混合物干燥后使用直径为 22 mm 的模具在电动压片机中进行压片，控制每个片的质量为 2 g，压力为 12 MPa，保压时间为 1 min。压制完成后使用马弗炉进行 3 h 的烧结，烧结速率为 5℃/ min，温度为 950℃，烧结完成后得到陶瓷膜。

如图 5.27 所示，飞灰陶瓷膜在烧结后，主要结晶相由含氯钙铝石（$Ca_{12}Al_{14}O_{32}Cl_2$，PDF#45-0568）、硫酸钙（$CaSO_4$，PDF#37- 0184）、岩盐（NaCl，PDF#75-0306）和钾盐（KCl，PDF#75-0296）组成。水洗飞灰陶瓷膜在烧结后，主要结晶相为钙铝石（$Ca_{12}Al_{14}O_{33}$，PDF#09-0413）、石灰（CaO，PDF#82-1690）、氧化铝（Al_2O_3，PDF#46-1215）和碳酸钾（K_2CO_3，PDF#16-0820）。钙铝石（$Ca_{12}Al_{14}O_{33}$，$12CaO\cdot7Al_2O_3$）具有纳米多孔结构，有两个额外的游离氧离子。许多研究表明，这两个游离氧离子可以被某些阴离子取代。

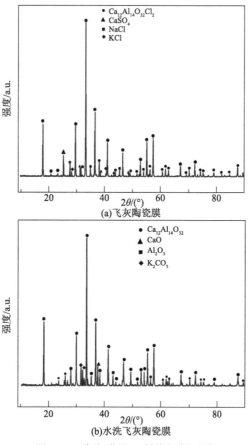

图 5.27　陶瓷膜的 X 射线衍射图谱

　　为了测试飞灰陶瓷膜是否能够进行实际应用，根据环境保护行业标准（HJ/T 300—2007）对飞灰陶瓷膜和水洗飞灰陶瓷膜进行浸出毒性测试。将 pH = 2.64±0.05 的冰醋酸溶液作为浸提剂，按照固液比 1：20（L/kg）进行浸出，结果如表 5.6 所示。根据 GB 8978—1996，污水中总铬、总镉、总砷、总铅、总镍的最高排放浓度分别不得高于 1.5 mg/L、0.1 mg/L、0.5 mg/L、1.0 mg/L、1.0 mg/L。焚烧飞灰陶瓷膜中 Cr、Cd、As、Ni 的浸出浓度分别为 0.87 mg/L、0.02 mg/L、0.27 mg/L、0.29 mg/L，均低于污水最高排放浓度标准。Pb 的浸出浓度为 1.55 mg/L，高于污水最高排放浓度标准；水洗飞灰陶瓷膜中 Cr、Cd、Pb、Ni 的浸出浓度分别为 0.37 mg/L、0.11 mg/L、0.19 mg/L、0.08 mg/L，As 未被检测出，均低于污水最高排放浓度标准。

表 5.6　飞灰/水洗飞灰陶瓷膜的重金属毒性浸出浓度　（单位：mg/L）

项目	Mn	Cr	Fe	Co	Ni	Cu	Zn	As	Pb	Cd
焚烧飞灰	3.54	0.18	0.91	0.17	0.70	20.71	151.07	—	4.07	4.63
焚烧飞灰陶瓷膜	0.75	0.87	36.10	0.07	0.29	0.14	3.40	0.27	1.55	0.02
水洗飞灰	3.48	0.17	0.82	0.20	0.70	7.88	116.34	—	1.06	0.42
水洗飞灰陶瓷膜	0.01	0.37	0.73	0.01	0.08	0.03	0.57		0.19	0.11

　　将焚烧飞灰和水洗飞灰在同样的条件下进行浸出实验，观测在经过陶瓷粉体制备、压片和烧结后，重金属浸出是否会降低。通过比较焚烧飞灰的重金属浸出和飞灰陶瓷膜的重金属浸出发现，Mn、Co、Ni、Cu、Zn、Pb、Cd 这几种金属浸出浓度都有明显的降低，Cu 和 Zn 的浸出浓度降低得最明显。经过陶瓷膜制备烧结后，Cr 和 Fe 浸出浓度升高。经过水洗预处理后，水洗飞灰的重金属浸出浓度明显降低，经过高温烧结后，水洗飞灰陶瓷膜的大部分重金属浸出浓度同样降低。

　　综上所述，使用焚烧飞灰制备的陶瓷膜对重金属 Cr^{3+} 的分离效果非常好。通过烧结温度、孔隙率、平均孔径、纯水通量的参数对比可得出，本实验所制备的陶瓷膜大大降低了烧结温度，在 950℃ 即可完成陶瓷膜的制备，平均孔径大小、孔隙率以及纯水通量优于其他使用固体废弃物制备的陶瓷膜。使用产量大的焚烧灰渣与焚烧飞灰可有效地降低陶瓷膜烧结温度和原材料的成本，减少能源消耗，为焚烧灰渣与焚烧飞灰的资源化利用提供了一种新的思路。

5.7　聚乙烯亚胺螯合剂的绿色合成及性能研究

5.7.1　材料与方法

　　实验所用聚乙烯亚胺、无水乙醇、二硫化碳、硝酸铅、氯化铜、氯化镍、硝酸锌、氯化镉、盐酸、氢氧化钠、氯化钙、氯化钾、氯化钠均为分析纯。多元素标准液体购自上海阿拉丁生化科技股份有限公司。实验用水为超纯水。配置一定浓度的聚乙烯亚胺乙醇溶液，充分搅拌后置于冰箱冷藏。取一定量的聚乙烯亚胺乙醇溶液于三口烧瓶中，逐滴加入一定量的二硫化碳，不断搅拌，并将反应温度控制在室温。二硫化碳滴加完毕后，继续搅拌至反应充分。反应结束后离心，将反应产生的白色沉淀分离。用纯水清洗两次，后将白色沉淀于 45℃真空干燥箱干燥至恒重，得到淡黄色固体聚乙烯亚胺螯合剂（编号分别为 PDTC-600、PDTC-1800、PDTC-10000）。此外，还可将聚乙烯亚胺螯合剂溶于氢氧化钠溶液制成淡绿色液体螯合剂。

5.7.2　聚乙烯亚胺螯合剂的合成与应用

从反应时间、二硫化碳添加量、聚乙烯亚胺浓度和反应温度等方面进行优化。考虑到黏度反映了高分子分子链的舒展情况，选择分子量为 10000 的聚乙烯亚胺（PEI-10000）进行反应条件优化。以产率（实际螯合剂的合成量占理论螯合剂产生量的比例）和聚乙烯亚胺螯合剂硫元素含量为评价指标，分别考察了反应时间、聚乙烯亚胺浓度、二硫化碳添加量、反应温度等反应条件对评价指标的影响。

（1）对 Pb^{2+} 的去除效率

不同螯合剂不仅在分子结构上有区别，其硫元素含量也不同。若螯合剂分子中硫元素含量高，则相同质量浓度下的螯合剂溶液中二硫代羧基基团数量也多。因此，仅通过不同螯合剂添加量对螯合效果的影响来评价螯合剂性能差异，无法对分子量变化引起的螯合剂螯合性能变化进行评价。为此，本实验根据元素分析结果，按照硫元素（以—CSS—计）与 Pb 的不同摩尔比向溶液中添加不同量螯合剂。随着硫元素添加比例上升，3 种 PDTCs 对 Pb^{2+} 的去除效率均上升。特别地，在—CSS—：Pb 摩尔比达到 2∶1 时，其对 Pb^{2+} 的去除效率基本达到 100%，说明—CSS—与 Pb^{2+} 按照摩尔比为 2∶1 的比例形成了配位键，这与文献报道的二硫代氨基甲酸盐对重金属的去除机理一致。需要注意的是，在同一摩尔比条件下，不同分了量的聚乙烯亚胺螯合剂对 Pb^{2+} 的去除效率不同。例如，在螯合剂用量不足的条件下，PDTC-10000 对 Pb^{2+} 的去除效率较低，这可能是由于高分子量的螯合剂在螯合重金属的过程中存在一定的空间位阻效应，导致螯合剂中的硫不能全部参与螯合反应。

（2）重金属离子共存影响

在螯合剂投加量不变的条件下（—CSS—与 Pb 的摩尔比为 2∶1），考察了初始溶液中 Pb^{2+} 与不同浓度 Cu^{2+}、Zn^{2+}、Cd^{2+} 和 Ni^{2+} 共存条件下，Pb^{2+} 的去除效率变化，结果见图 5.28。可以看出，共存重金属会在不同程度上降低 PDTCs 对 Pb^{2+}

的去除效率。在共存重金属浓度上升而螯合剂用量一定的条件下，PDTCs 会同时去除溶液中共存的其他重金属离子，进而导致 Pb^{2+} 的去除效率降低。共存重金属对 Pb^{2+} 去除效率的影响强弱顺序依次为 Cu^{2+}、Cd^{2+}、Ni^{2+} 和 Zn^{2+}。这可能与螯合剂和这些金属生成的螯合物的稳定常数有关。此外，相较于 SDD、PDTC-1800 和 PDTC-10000，分子量更小的 PDTC-600 对 Pb^{2+} 的去除效率受到共存金属（Cu^{2+}、Cd^{2+}和Ni^{2+}）的影响较小，这说明分子量相对较低的聚乙烯亚胺螯合剂对 Pb^{2+} 的选择性去除效果更好。

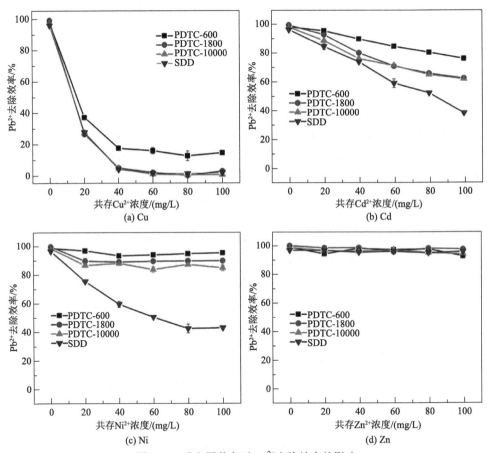

图 5.28　重金属共存对 Pb^{2+} 去除效率的影响

（3）常量金属离子共存影响

在螯合剂投加量不变的条件下（—CSS—与 Pb 的摩尔比为 2 : 1），考察了初始溶液中 Pb^{2+} 与不同浓度常量金属离子（Na^+、K^+、Ca^{2+}和Mg^{2+}）共存条件下 Pb^{2+} 去除效率的变化。飞灰中含量较高的常量金属也会在不同程度上影响 PDTCs

对 Pb^{2+} 的去除效率。分子量越小的螯合剂，受到共存常量金属的影响越显著。PDTC-10000 对 Pb^{2+} 的去除效率基本不受常量金属的影响；而对于 PDTC-600，随着常量金属浓度增加，其对 Pb^{2+} 的去除效率呈下降趋势。一般而言，水中共存无机阳离子时，其会与螯合剂絮体上的负电荷发生电中和作用，絮体表面双电层受到压缩，Zeta 电位降低，从而加强絮体间的凝聚作用，促进重金属的去除。但当共存无机阳离子的浓度或电荷数增加到一定量时，螯合絮体周围会存在着大量正电荷，由于静电斥力作用会阻碍絮体进一步凝聚，使絮体沉降性变差，反而阻碍了金属的去除。PDTC-600 的去除效果变差，可能是由于沉降性能降低。特别地，在选择合适的螯合剂处理焚烧飞灰时，应关注飞灰中有代表性的常量金属对螯合剂螯合效果的影响。如有必要，可以采用适当的预处理措施除去这些常量金属，进而提高目标重金属的螯合效率。

5.7.3　新型聚乙烯亚胺螯合剂中试试验结果分析

实验室自检结果表明原始飞灰中 Pb 浓度超过国标限值（0.25 mg/L），Ba 浓度低于国标限值（25 mg/L）但是超过深圳能源环保股份有限公司要求的限值（6.25 mg/L），其余元素均未超标。原始飞灰及经螯合剂螯合之后的飞灰按照 HJ/T 300 的方法进行浸出的结果表明，8 组螯合样品的浸出浓度均远低于 GB 16889 和深圳能源环保股份有限公司的指标要求，其中 Cd、Ni、Be 的浸出浓度均低于仪器的检出下限（原始飞灰和螯合样品中均未检出）；由于各待检元素的浸出浓度均偏低，因此未能体现出螯合剂加入量与待检元素之间的联动关系。第三方检测结果与实验室自检结果基本一致。

5.7.4　新型聚乙烯亚胺螯合剂与商业螯合剂的重金属去除效果比较

图 5.29 展示了不同螯合剂处理后的螯合飞灰中重金属浓度的第三方检测结果，其中 F-1、F-2、F-3 分别表示向原始飞灰中加入 1%、2%、3% 的福美钠螯合剂后产生的螯合产物；G-1、G-2、G-3 分别为向原始飞灰中加入 1%、2%、3% 的新型高分子螯合剂后的螯合产物。其中，F-1、F-2、F-3 在第三方检测后 Pb 的浸出浓度分别为 9.72 μg/L、5.84 μg/L、4.50 μg/L；G-1、G-2、G-3 在第三方检测后 Pb 的浸出浓度分别为 2.37 μg/L、2.15 μg/L、2.04 μg/L，相比 F-1、F-2、F-3 分别降低了 75.6%、63.2%、54.7%。此外，F-1、F-2、F-3 在第三方检测后 Cd 的浸出浓度分别为 3.88 μg/L、3.95 μg/L、3.92 μg/L；G-1、G-2、G-3 在第三方检测后 Cd 的浸出浓度分别为 1.37 μg/L、1.30 μg/L、1.67 μg/L，相比 F-1、F-2、F-3 分别降

低了 64.7%、67.1%、57.4%。检测结果表明，在相同的加入量下，高分子螯合剂处理的飞灰中 Pb、Cd 浓度相比福美钠处理的飞灰均有所降低，且降幅均超过 50%，符合项目指标要求。

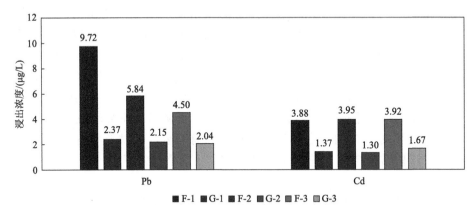

图 5.29　商品螯合剂和聚乙烯亚胺螯合剂对 Pb 与 Cd 的去除效果

5.8　飞灰高温熔融示范工程

宝安能源生态园飞灰高温熔融示范工程，设计处理规模为 20 t/d。该工程通过加入助熔剂、降低飞灰熔融所需的温度（1000℃以下），可在较低温度下形成共熔体。将熔融添加剂与飞灰混合制备复合球团，熔融添加剂主要成分为吸氯剂和含碳还原剂，将该球团置于 700～1000℃的高温炉内，球团在加热过程中，碳不完全燃烧生成的 CO 形成还原性气氛，CO 和 C 作为还原剂将部分金属离子（如六价铬）还原；同时碳的存在，又可促进 CaO、MgO 的氯化，进而将二噁英分解产生的氯固定，相关重金属在此温度段内被固化在玻璃体中，从而实现对飞灰中二噁英及重金属的解毒，如图 5.30 所示。

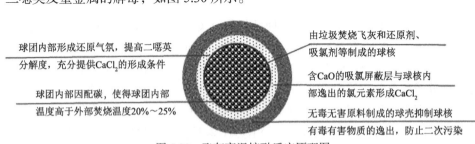

图 5.30　飞灰高温熔融反应原理图

示范工程采用"二次物料复合+高温焚烧"技术在飞灰复合球中添加吸氯剂，从源头遏制和消除二噁英生成，并采用炼钢烧结炉技术，高效利用热能，在低能耗水平下达到等离子熔融重金属的效果，实现飞灰高度稳定的无害化处置。将垃圾飞灰、玻璃粉和黏结剂按照一定比例混匀，通过圆盘造球过程造出粒度合适的内球核。内球核在双螺旋中和吸氯剂混合，外表裹覆一层吸氯剂，形成吸氯屏蔽层。然后送入二次圆盘造球系统，以无毒无害活性炭粒为壳料，形成垃圾飞灰二次物料复合球团。复合球团送入固废无害化高温焚烧装置焚烧解毒。固废无害化高温焚烧装置设置烟气循环系统，烟气最终通过点火装置改造的二燃室，经处理检测合格后达标排放。焚烧后的残渣进行资源化利用研究。垃圾飞灰无害化工艺主要由配料与造球工艺、负压蓄热循环焚烧工艺、烟气处理工艺构成，工艺流程图如图 5.31 所示。

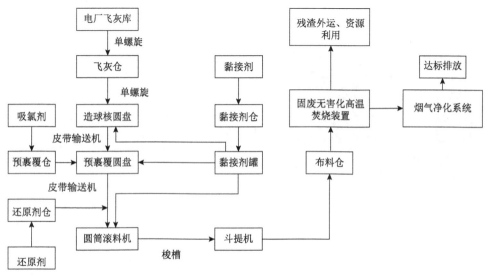

图 5.31　飞灰高温熔融工艺流程图

5.8.1　垃圾焚烧飞灰无害化处理系统实验验证与优化研究

根据实验数据分析，本次连续运行最终的物料配比为飞灰 70%、玻璃粉 13%、生石灰 3%、生物质炭 14%。其中，生石灰作为飞灰二次成球过程中的添加剂，使用方式为石灰浆液，质量浓度为 15% 左右。

在料层高度、物料配比一定的情况下，焚烧终点可由台车行进速度、焚烧风量进行控制，本次连续焚烧实验的焚烧终点依据前期实验数据进行确定，最终确定的料层高度为 380 mm，台车行进速度为 100～120 mm/min，为使焚烧过程中料层温度达到要求，同时保证焚烧时间不发生较大偏差，在球团粒级、配比、料层控制一定时，需及时准确地对焚烧过程中焚烧各段的风量进行合理调配，结合二阶段批次实验，对不同料层高度下的焚烧风量进行调节。为满足飞灰无害化焚烧处置过程中二噁英彻底分解、重金属有效熔融形成玻璃体，实验过程中，风箱最高温度要大于260℃，合理的控制范围为280~320℃，这样既能减少不必要能量消耗，又能使飞灰实现无害化处理。

5.8.2 规模化验证与对比实验

如图5.32所示，对样品进行微观结构分析，发现处置后的飞灰表面紧密无孔隙，熔融使飞灰从固相变为液相，液相的良好流动性使得熔渣孔隙得到填补直至完全消失，整体呈良好的均一性，重金属得到良好的稳定化，达到熔融玻璃化的目的。

图 5.32 飞灰熔融前（左）和熔融后（右）的微观形貌

如表5.7所示，随机选取2022年4~11月无害化处置产物和螯合处置产物的12个样品，根据现行飞灰浸出毒性标准对上述样品进行6项重金属浸出毒性检测，无害化处置产物的重金属浸出毒性整体上低于螯合处置产物。由于现行垃圾焚烧飞灰浸出毒性检测标准（HJ 781—2016）中检出限铅为 0.03 mg/L、镉为 0.01 mg/L，针对铅和镉未检出的情况采用电感耦合等离子体质谱法（ICP-MS）进行检测，部分样品满足浸出毒性铅<0.01 mg/L、镉<0.005 mg/L 的指标。

表 5.7　飞灰无害化产物重金属浸出浓度检测结果　（单位：mg/L）

制样时间	含水率	汞	铜	锌	铅	镉	铍
2022 年 4 月 1 日	1.2	0.00005	0.04	0.02	ND	ND	ND
2022 年 4 月 12 日	1.0	0.00036	0.04	0.02	ND	ND	ND
2022 年 4 月 21 日	2.2	0.00010	0.04	0.02	0.06	0.02	ND
2022 年 5 月 4 日	2.3	0.00012	0.04	0.02	ND	0.02	ND
2022 年 5 月 30 日	3.9	0.00007	0.04	0.10	ND	0.06	ND
2022 年 6 月 17 日	3.8	0.00006	0.04	14.30	ND	ND	ND
2022 年 6 月 30 日	0.6	0.00004	0.15	0.18	0.23	ND	ND
2022 年 7 月 6 日	5.0	0.00004	0.04	0.08	ND	ND	ND
2022 年 7 月 10 日	2.1	0.00016	0.04	0.08	ND	ND	ND
2022 年 7 月 14 日	2.4	0.00017	0.04	ND	0.02	ND	ND
2022 年 7 月 23 日	4.0	0.00007	0.04	0.46	ND	0.08	ND
2022 年 8 月 8 日	3.6	0.00006	0.04	0.12	ND	ND	ND
2022 年 9 月 11 日	3.6	0.00006	0.04	0.02	ND	0.06	ND
2022 年 10 月 6 日	3.9	0.00012	0.04	0.38	0.04	0.1	ND
2022 年 10 月 12 日	4.4	0.00004	0.06	0.04	ND	0.06	ND
2022 年 10 月 22 日	4.2	0.00006	0.05	0.07	ND	0.16	ND
2022 年 10 月 31 日	3.4	0.00017	0.05	0.05	ND	ND	ND
2022 年 11 月 2 日	3.9	0.00012	0.04	8.24	0.1	ND	ND
2022 年 4 月 1 日	1.2	0.91	ND	0.0024	0.02	0.014	0.0155
2022 年 4 月 12 日	1.0	1.08	ND	0.0025	0.04	0.023	0.012
2022 年 4 月 21 日	2.2	0.94	0.02	0.0155	0.06	0.042	0.0289
2022 年 5 月 4 日	2.3	0.94	ND	0.0072	0.04	0.021	0.0304
2022 年 5 月 30 日	3.9	0.84	0.02	0.0237	0.04	0.026	0.0247
2022 年 6 月 17 日	3.8	1.12	0.34	0.0508	ND	0.005	0.01960
2022 年 6 月 30 日	0.6	1.37	ND	0.0018	0.04	ND	0.0058
2022 年 7 月 6 日	5.0	1.34	ND	0.005	0.02	ND	0.0184

续表

制样时间	含水率	汞	铜	锌	铅	镉	铍
2022 年 7 月 10 日	2.1	1.36	ND	0.0052	0.02	ND	0.0187
2022 年 7 月 14 日	2.4	0.92	ND	0.0097	0.08	ND	0.0353
2022 年 7 月 23 日	4.0	0.88	0.04	0.0326	0.04	0.03	0.0262
2022 年 8 月 8 日	3.6	0.94	0.08	0.0357	0.02	0.018	0.0243
2022 年 9 月 11 日	3.6	0.88	0.02	0.02700	0.02	0.018	0.02580
2022 年 10 月 6 日	3.9	0.9	0.06	0.0319	0.02	0.015	0.02410
2022 年 10 月 12 日	4.4	0.78	ND	0.0235	0.04	0.026	0.02900
2022 年 10 月 22 日	4.2	0.9	0.1	0.036	0.03	0.018	0.02470
2022 年 10 月 31 日	3.4	0.76	0.06	0.0197	0.11	0.034	0.01700
2022 年 11 月 2 日	3.9	1.2	0.32	0.0498	0.02	ND	0.01080

注："ND" 代表未检出。

如表 5.8 所示，焚烧工艺与螯合工艺相比，产物质量降低明显。通过造球和焚烧处理后，飞灰焚烧产物的体积也明显减小，可有效节约填埋空间。

表 5.8　焚烧工艺和螯合工艺的增重对比

月份	一期无害化处理量/t	一期飞灰产物量/t	无害化增重比例	二期飞灰螯合处理量/t	二期飞灰产物量/t	螯合增重比例
4	303.7	335.55	0.1049	1509.08	2074.58	0.3747
5	384.61	425.03	0.1051	1819.11	2301.17	0.265
6	445.12	492.14	0.1056	2169.83	3380.59	0.558
7	424.84	469.77	0.1058	2943.64	3735.61	0.269
8	568.98	626.17	0.1005	2682.8	3554.33	0.3249
9	567.58	626.12	0.1031	2315.93	3564.41	0.5391
10	567.78	626.26	0.103	2480.81	3096.22	0.2481
总计	3424.63	3780	0.1038	15921.2	21706.91	0.3634

5.9　飞灰资源化利用工程示范

5.9.1　焚烧炉渣制备免烧环保再生砖

研究垃圾焚烧炉渣及无害化飞灰在再生建材中的适应性，为其规模化应用提供技术支撑。采用实验室研究与生产线试生产相结合的方式，研究焚烧炉渣及飞灰在再生建材领域应用的可行性。技术路线图见图 5.33。

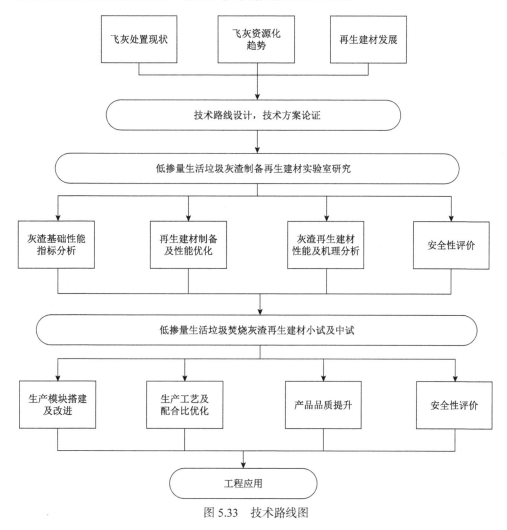

图 5.33　技术路线图

　　从灰渣基础性能指标检测看，炉渣及无害化飞灰的压碎值及吸水率均较高，若在再生建材领域直接应用，集料的骨架支撑效果会较建筑垃圾破碎的再生骨料差。从颗粒匹配看，经处置后的炉渣及无害化飞灰砂中粗颗粒较再生砂多，可与再生砂级配互补，因此从级配方向出发，采用骨料复配的方式进行实验，将炉渣及无害化飞灰等体积取代再生砂，使用部分炉渣砂及无害化飞灰砂替代部分再生砂进行再生砖的制备实验。结果发现少量炉渣砂及无害化飞灰砂替代再生砂，可在一定程度上改善再生砖的强度。从实验数据看，炉渣砂及无害化飞灰砂可在同配比下提高再生砖强度 10% 左右，根据实测强度值，在控制无害化飞灰砂取代率不超过 10%的情况下，以及在灰渣总替代量不超过 40%的情况下，掺入炉渣及无害化飞灰均能改善再生砖强度。

炉渣及无害化飞灰对再生砖制品的改善，可理解为骨料的级配优化及细集料的填充效应。一方面，炉渣及无害化飞灰粗颗粒较多，再生砂细颗粒较多，二者复配后，制砖骨料的级配更加合理，表现在强度优化方面；另一方面，由于炉渣及飞灰压碎值较高，在压制过程中，部分灰渣颗粒被压碎，破碎成更小尺寸的集料，这部分集料可以起到填充作用，有利于提高再生制品的密实度，从而提升再生制品的强度。掺加部分生活垃圾焚烧炉渣及无害化飞灰砂可生产 MU5～MU30 再生砖，性能可满足《建筑垃圾再生骨料实心砖》（JG/T 505—2016）的要求。

5.9.2 焚烧炉渣及无害化飞灰制备再生混凝土

通过炉渣和无害化飞灰分别替代再生粗骨料、细骨料和粉煤灰的方式进行实验，结果表明同配比下，掺入炉渣及无害化飞灰砂试样的工作性能有一定劣化，尤其是掺入无害化飞灰砂后，混凝土的工作性能出现较明显的劣化，混凝土的工作性能极差，新拌混凝土表面疏松，无法直接应用，需额外添加水及外加剂等材料予以调整，此次试配以坍落度不低于 160 mm 为标准进行实验。采用替代量 10%炉渣砂和 10%飞灰砂试样进行实验，将 3 种制备工艺进行比较，如图 5.34 所示。

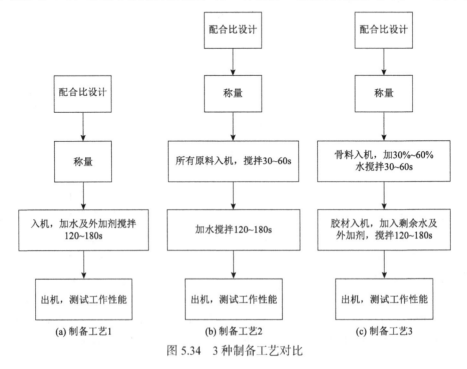

图 5.34　3 种制备工艺对比

混凝土出机后，制备工艺 1 和制备工艺 2 的和易性基本一致，和易性良好，但坍落度保持效果较差。在 3 种工艺中，制备工艺 3 和易性最好，坍落度最大，且保持效果最好，如表 5.9 所示。

表 5.9　3 种制备工艺性能对比表

制备工艺	和易性	坍落度/mm	40min 坍落度/mm
制备工艺 1	良	180	100
制备工艺 2	良	180	130
制备工艺 3	优	190	185

采用制备工艺 3 进行实验。经实验验证，可使用部分生活垃圾焚烧炉渣及无害化飞灰替代部分再生砂用于 MU5～MU30 再生砖制备。生活垃圾焚烧炉渣及无害化飞灰在一定掺量范围内可改善再生砂颗粒级配，改善实心砖强度。炉渣品质较再生粗骨料差，在混凝土基体中无法起到较好的支撑骨架作用，替代再生粗骨料效果较差，建议将炉渣破碎筛分为炉渣砂，替代部分再生砂应用于再生混凝土。鉴于无害化飞灰砂压碎值较高，要适当降低其在再生砖及混凝土中的用量，根据实际应用效果，建议将无害化飞灰掺量控制在 15% 以内。炉渣及无害化飞灰建材化应用不会破坏前期重金属固化结构，说明生活垃圾焚烧炉渣及无害化飞灰可在再生建材中低掺量使用，同时灰渣在再生建材中应用可起到进一步稀释重金属的作用。

项目执行期内，于深圳市宝安区沙井街道进行大空港项目建设以完成项目对产能的要求。大空港项目占地面积约 7.22 万 m^2，拟建设年处理量达 250 万 t 的建筑废弃物处理及再生产品生产线。大空港项目对标国际先进标准，以建设"智能化、无噪声、无扬尘、无污染和花园式的建筑废弃物综合利用示范基地"为目标，力争实现全国领先。为深圳市建筑废弃物综合利用处理提供一个示范性工程。目前已建成 CLZ250 型拆除建废生产线、RH2000 型再生砌块生产线和两条 180 再生混凝土生产线，并配有功能性实验室及科普教育平台。项目执行期内，实际运营项目为 CLZ250 型拆除建废生产线和 RH2000 型再生砌块生产线。可完成生活垃圾焚烧灰渣的破碎、整形及除杂等工艺，将生活垃圾焚烧灰渣处置为适用于再生建材的原材料，并利用处置后的原材料进行再生砌块的生产。

生活垃圾焚烧炉渣及煅烧飞灰可用于再生砖的生产，在一定掺量范围内可改善再生细骨料颗粒级配，改善再生砖强度。使用部分生活垃圾灰渣可制备 MU5～MU30 标号再生砖。生活垃圾焚烧炉渣及煅烧飞灰可部分替代再生细骨料用于混凝土配制，以 C35 混凝土为例，在满足标号强度的前提下，煅烧飞灰使用量最高可达 119.32 kg/m^3。将含灰渣再生砖及再生混凝土进行重金属浸出检测，以 GB/T

30760—2024 标准为限制参考，检测结果为合格。项目要求实现 100 m³/d 的处置产能。CLZ250 型处理拆除建废生产线日处置产能可达 1190 m³，每天可生产 1667 t 优质再生骨料。使用拆除建废生产线生产的再生骨料及灰渣骨料每天可生产 417 m³ 的再生砌块建材。

以目前的实验效果看，每立方再生建材可使用灰渣骨料 10%～20%，按 10% 掺量计算，炉渣飞灰各占一半，以再生砖为例，1 m³ 再生砖使用再生骨料约 1400 kg，按照等体积替代，1 m³ 再生砖可使用炉渣约 60 kg，飞灰约 50 kg。一条 RH2000 型再生砌块生产线每年可消耗约 7500 t 炉渣及 6250 t 飞灰。若生产再生混凝土，1 m³ 再生混凝土使用再生砂约 800 kg，1 m³ 再生砖可使用炉渣约 34 kg、飞灰约 29 kg。以年产 25 万 m³ 混凝土搅拌站为例，单站可消耗约 8500 t 炉渣及 7250 t 无害化飞灰。

5.10 垃圾焚烧二噁英减排示范工程

5.10.1 示范工程简介

宝安能源生态园分三期建成，该垃圾发电厂采用先进的垃圾焚烧技术，对城市生活垃圾进行减量化、资源化和无害化处理。

宝安能源生态园一期工程于 2006 年 5 月投入商业运行，日处理垃圾量 1200 t，配置有 3 条 400 t/d 的焚烧线及烟气处理线（#1、#2、#3），装机容量 2×12 MW。其中焚烧炉采用倾斜往复式机械炉排炉，规模 400 T/D；余热锅炉为中温中压自然循环锅炉，参数为 400℃、4.5 MPa，烟气处理工艺为 SNCR+半干法脱酸+干法脱酸+活性炭喷射+布袋除尘器+SCR，处理后能够满足 SZDB/Z 233—2017。本示范工程项目以#2 和#3 焚烧线为试点，研究垃圾焚烧二噁英在 400 t/d 机械炉排焚烧炉及烟气处理线上的产生及减排规律，并开发主动抑制方法，保证烟气二噁英排放浓度稳定 ≤0.05 ng TEQ/Nm³。

宝安能源生态园二期工程于 2012 年 12 月投入商业运行，日处理垃圾量 3000 t，配置有 4 条 750 t/d 的焚烧线及烟气处理线（#4、#5、#6、#7），装机容量 2×32 MW，2018 年起烟气处理工艺为 SNCR+半干法脱酸+干法脱酸+活性炭喷射+布袋除尘器+SCR，污染物通过烟气处理成套装置，满足 SZDB/Z 233—2017。本示范工程项目以#7 为试点，全面研究垃圾焚烧二噁英在 750 t/d 机械炉排焚烧炉及烟气处理线上的产生及减排规律，并开发主动抑制方法，保证烟气二噁英排放浓度稳定 ≤0.05 ng TEQ/Nm³。

宝安能源生态园三期工程采用先进的垃圾焚烧技术，对城市生活垃圾进行减量化、资源化和无害化处理的环保工程。本工程设置 5 条日处理 850 t 的垃圾焚烧生产线。焚烧炉为往复式顺推+翻动机械炉排炉西格斯焚烧炉，余热锅炉产出的蒸汽供 3 台 45 MW 汽轮发电机组发电。单炉燃烧垃圾后产生的额定烟气量为 207523 Nm^3/h，烟气出口温度为 180~200℃，烟气中所含的污染物 HCl、SO_2、SO_3、NO_x、烟尘，Cd、Tl、Hg、其他重金属、二噁英/呋喃等通过 SNCR 系统—半干式反应塔系统—石灰浆系统—活性炭系统—干法脱酸系统—布袋除尘器系统—湿法脱酸系统—SCR 系统后严格达到国家烟气排放标准才能排放。

5.10.2　焚烧系统对二噁英的去除效率

依托宝安能源生态园垃圾焚烧厂正常运行的设备，在根据"3T+E"原则优化燃烧条件的基础上，经过烟气净化工艺（SNCR+半干法脱酸+干法脱酸+活性炭喷射+布袋除尘+SCR）之后，烟气二噁英最终排放水平为 0.0064 ng I-TEQ/Nm^3，远低于国家排放标准（0.1 ng I-TEQ/Nm^3），二噁英总去除效率为 98.95%。其中，水平烟道组合水平灰斗的布置方式有利于降低烟气二噁英浓度，烟气经过该区域时二噁英去除效率可达 59.83%；烟气二噁英的去除主要来源于活性炭+布袋除尘的组合方式，该区域内二噁英的去除效率为 61.94%；水平烟道、半干反应塔、SCR 反应器均存在"记忆效应"，其中，水平烟道的"记忆效应"最为显著，半干反应塔次之。

5.10.3　示范线二噁英超低排放分析

2018 年 12 月~2019 年 12 月开展了 400 t/d 和 750 t/d 级焚烧炉沿程二噁英产生规律及减排方法的研究，结果表明焚烧炉在额定设计负荷运行时，850 ℃/2s（保证烟气中 850℃的环境下停留 2s 以上）+活性炭吸附+布袋除尘可以实现二噁英达到 GB 18485—2014 排放水平；"3T+E"稳定控制与 6 段烟气净化工艺组合，二噁英可实现优于 GB 18485—2014 和 2010/75/EU 一个数量级的超低排放水平。

2020 年 1~12 月开展了焚烧炉二噁英固-气-液相态分布研究，解释了二噁英同系物的浓度水平变化规律，由于液相二噁英浓度占比均值达到了 53.7%，认为不可以忽略对液相二噁英的毒性当量研究。

2021 年 1~12 月开展了湿法脱酸系统对二噁英排放水平的影响研究，研究结果表明要关注湿法填料对二噁英的"记忆效应"影响。

2022 年 6~11 月对 3 条焚烧线示范工程开展了 6 个月连续二噁英检测分析，达到了垃圾焚烧特征污染物全过程减排示范工程二噁英排放浓度小于 0.05 ng TEQ/N m^3 的目标，如图 5.35 所示。

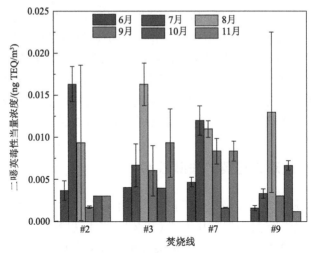

图 5.35　示范工程烟气的二噁英浓度（2022 年 6～11 月）

第6章

生活垃圾分类处理智慧监管平台及评估考核体系构建与示范

生活垃圾分类体系建立后，垃圾的投放、收运、处理环节更加复杂，依赖于传统的人工监管已经不能满足实践的需求。智慧监管及考核评估是提升生活垃圾分类系统效率的重要手段。本章以深圳市为例，针对生活垃圾分类后的智慧监管需求，分析监管要点及实现手段，介绍涵盖全口径、全系统、全链条的智慧监管平台建设方案，其可以实现数据实时采集、跟踪和动态分析，确保系统各环节安全、稳定、高效运行。以智慧监管平台及其他监管手段为依托，提出针对生活垃圾分类全过程的评估考核体系，为各环节的管理提升提供科学客观的依据。

6.1 智慧监管平台建设与运行方案

6.1.1 生活垃圾分类处理体系监管现状

深圳市建立了完善的生活垃圾分类处理体系，涵盖分类投放、分类收集、分类运输、分类处理处置等几大环节。其中，分类投放端是将生活垃圾分为可回收物、厨余垃圾、有害垃圾和其他垃圾四大类，并根据产生源及场所的不同特点，将可回收物、厨余垃圾和有害垃圾细分为若干类别，实行选择性精准分类模式。为了保证生活垃圾分类体系的有效运行，针对各类别垃圾均配套建立了相应的收运和处理系统。

（1）垃圾分类处理监管内容

分类投放环节，各生活源的生活垃圾分类投放管理人是直接责任人，每一场所的生活垃圾分类投放管理人应结合深圳市和所在区的垃圾分类要求，开展管理场所的生活垃圾分类工作。主要监管内容包括分类投放点及暂存点建设情况、分类投放设施设备配置情况、分类宣传情况、分类督导情况等。

分类收集及运输环节，主要监管对象是分类垃圾收运企业，各类垃圾收运车辆管理情况、垃圾暂存点管理情况、垃圾转运站管理情况是重点监管内容。其中，各类垃圾收运车辆管理情况主要包括车容车况、硬件配置情况、收运路线是否合理、任务执行情况、收运记录等内容；垃圾暂存点及垃圾转运站管理情况主要包括硬件配置情况、环境管理情况、安全管理情况、台账管理情况等内容。

分类处理处置环节，主要对深圳市内各类垃圾处理及处置设施的运营和管理情况进行监管，主要监管内容包括接收及计量、工艺运行管理、设施设备维护、污染物排放及环境卫生、运营安全管理等。

资源回收环节，主要包括基于市场机制的再生资源回收系统和政府统筹的分类回收系统两部分。长期以来，高值可回收物主要通过再生资源回收系统回收，但该系统"小散乱"和"打游击"现象普遍，缺乏规范的监管和数据统计渠道。低值可回收物由于经济价值不高，再生资源回收系统收集率有限，多数进入生活垃圾分类回收系统中，由政府进行兜底回收。如何将生活垃圾分类回收系统与再生资源回收系统两种回收渠道有机融合，形成统一的回收管理体系，是我国当前再生资源回收工作中的一个难题。

（2）垃圾分类处理监管方式

生活垃圾分类处理过程涉及的环节和责任主体众多，主要通过驻场监管、日常检查、专项抽查等传统的人工监管方式展开工作。随着信息化技术的发展，越来越多的智能技术应用到垃圾分类处理监管中，使城市精细化管理目标得以实现。常用的智能监管手段主要包括地理信息系统（GIS）技术、全球定位系统（GPS）技术、视频监控技术、传感技术、射频识别（RFID）技术等，同时通过搭建智能管理平台，实现基础信息和智能数据信息可视化与实时调取。

GIS 技术可以标注垃圾分类处理过程涉及的设施设备的位置信息，如投放点、转运站及各类型处理设施具体位置；GPS 技术可实现对垃圾运输车辆的实时位置和运行轨迹的获取；视频监控技术可对重要点位和设备进行实时监管；传感技术可实时感知、传递、处理垃圾处理设施主要监控指标的实时情况，收运车辆和压缩箱配置称重传感器，可实现对前端垃圾收集量进行统计；RFID 技术本质上是一种物流信息追溯系统，为垃圾桶配置 RFID 特定标签、为收运车辆配置读写器，可实现对垃圾桶垃圾清运情况、垃圾桶垃圾量等数据的自动获取，实现垃圾源头和去向的关联。

6.1.2 生活垃圾分类管理需求分析

（1）用户需求

生活垃圾分类处理全过程智慧监管平台的建立，不仅要保证现有系统设定的基本服务对象数据上传及管理需求，还要为其他可能涉及数据监管、应用的组织和人员提供批准权限的服务。建成后的智慧监管平台将对不同类别用户（主管部门、服务企业、第三方监管单位、系统维护操作人员、社会公众等）开放对应的使用权限或窗口，实现专业化及全覆盖监管。

（2）业务需求

生活垃圾分类处理全过程智慧监管平台的建立，将全面满足生活垃圾全过程监管的业务需求。通过信息化和互联网手段，整合各区现有信息化资源，统一考核标准、数据统计格式和管理规范，改变传统垃圾分类宣教模式，鼓励、吸引更多的居民参与，优化现有的分类收运、分类处理监管模式，从而实现线上监管、线上考核、线上互动，用数据说话，配合多种措施，保证系统的稳步运行，减少失误，尽量避免可预知问题的产生，最终建成高效可靠的智慧化监管平台。

（3）功能需求

生活垃圾分类处理全过程智慧监管平台的建设将全面满足生活垃圾全过程监管的功能需求。主要功能包括资源整合与共享，可视化监控、快速应急指挥、智能统计及分析、异常预警预报、科学评价和指导等。资源整合与共享功能将实现共享服务器资源和数据资源，通过平台角色权限的统一管理和分配，统一系统登录接口，解决多系统引起的数据共享和资源整合难的问题。可视化监控功能将实现对垃圾分类、收集、运输、转运、处理全过程实时化、可视化监控和数据展示。快速应急指挥功能将实现生活垃圾收集、运输、中转及处置的一体化调度，通过GIS、视频监控、在线监测、异常报警等功能实现对车辆、人员、设施设备的应急监控及调度。智能统计及分析功能将通过构建统一的大数据库实现数据深度统计分析、可视化呈现和数据的互联互通，提高数据应用及信息共享能力。异常预警预报功能将实现对监管过程中发现的异常数据或异常指标情况等进行预警提示，及时传达至相关责任管理人，并快速调出应急事件解决方案。科学评价和指导功能是在建立规范化、标准化的监管及评估考核标准体系的前提下，基于智慧平台及移动终端等工具，实现科学评价和指导，确保评估考核结果的公平性。

6.1.3　全过程监管数据库构建

监管数据库是智慧监管平台设计、建设及应用的重要支撑，需反映各环节主要人、事、物的基本统计情况及日常管理情况。从全过程管理需求角度考虑，数据库主要包括分类投放、分类收运、分类处理、资源回收及公众互动等主要方面。根据监管指标分析情况，总结出监管数据库的主要内容，具体见表6.1。

表 6.1　监管数据库的主要内容

监管环节	监管对象	监管类别	具体内容
分类投放	各场所生活垃圾分类投放管理人	基础统计信息	1）场所类型、地理位置（精确至社区）。 2）管理单位、联系人。 3）垃圾产生类别

续表

监管环节	监管对象	监管类别	具体内容
分类投放	各场所生活垃圾分类投放管理人	设施设备信息	1）集中投放点数量、各品类垃圾桶数量。 2）垃圾桶类型（智能桶/普通桶）、规格。 3）暂存点数量及占地面积。 4）人工智能（AI）摄像头数量及接入系统。 5）RFID 标签配置数量
		宣传引导信息	1）住宅区：静态宣传、年度入户宣传情况。 2）其他场所：静态宣传、年度宣传培训情况
		日常督导信息	1）督导人员类型。 2）督导类型：人工/智能
		投放数据信息	1）厨余、其他垃圾产生量/日均产生量。 2）各类可回收物及有害垃圾月均收集量
		智能监管信息	1）智能设备正常运行天数占比。 2）异常预警信息统计：垃圾乱放、错投；垃圾桶满溢；投放点环境差等
分类收运	垃圾清运企业/站点运营企业	企业基本信息	1）企业类型（清运/运营范围）。 2）负责人及联系方式。 3）收运车辆/配置数量。 4）日收运/转运/暂存能力
		收运车辆信息	1）车架号、IC 卡号。 2）智能设备配置率：定位系统、车载视频、车载称重、RFID 读卡器配置率。 3）日均收运频次及平均载重。 4）车辆是否为新能源/液化天然气（LNG）清洁能源车辆。 5）驾驶人员驾驶证有效期
		转运站/暂存点基本信息	1）转运/暂存点位置、责任人及联系方式。 2）转运/暂存垃圾类型，是否有预处理/压缩工序。 3）智能设备配置率：进站车辆识别设备、地磅（或其他类型称重设备）配置率。 4）视频监控配置率、故障率、月均启动天数及预警次数统计。 5）噪声、臭气等在线监控设备配置率、故障率、月均启动天数及预警次数统计。 6）是否配置清洁、消杀、消防设备。 7）污水处理方式及去向

续表

监管环节	监管对象	监管类别	具体内容
分类处理	各类垃圾处理设施运营企业	设施基本信息	1）地理位置、主管/监管单位、运营企业。 2）监管及运营负责人、联系方式。 3）处理垃圾种类、区域范围。 4）处理技术、设计处理能力、日均处理量
		设施设备配置	1）计量称重设备：配置类型。 2）工况实时监控设备：监测指标。 3）环保指标实时监控设备：监测指标。 4）视频监控配置情况。 5）以上数据或监控是否接入市监管系统
		日常运行信息	1）月均工况异常报警频次。 2）关键指标检测及合格率。 3）设备启停、维护记录。 4）视频监控抽调合格率，异常情况记录及处理情况。 5）区监管单位监管月报汇总
		数据统计信息	1）自动上传或定期填报数据：进厂垃圾量、对应垃圾类别，资源化产品类型、产量、去向，三废产生量、处理量、排放量等。 2）资源消耗量定期填报数据：燃油、天然气、水、其他辅料消耗量等。 3）垃圾处理补贴金额
		环境管理信息	1）环保设备维护及检查记录。 2）环保监测指标报警记录及处理情况。 3）环保指标检测及合格率
		安全管理信息	1）相关应急预案编制情况。 2）月度安全检查记录。 3）安全、消防培训及演习记录
资源回收	收运企业	基础统计信息	1）企业位置、回收资源类型、回收去向。 2）责任人及联系方式。 3）承包区域、委托单位。 4）预约收运渠道
		数据统计信息	1）预约平台预约频次、响应频次。 2）定期统计资源回收数据并填报
	回收站点	基础统计信息	1）站点位置、回收资源类型、回收去向。 2）责任人及联系方式。 3）资源回收方式。 4）是否配有计量设备、环保设备、消防设备等。 5）月均各类资源收运量

续表

监管环节	监管对象	监管类别	具体内容
公众互动	积极参与垃圾分类的公众	公众参与活动 相关统计信息	1）相关培训课程管理、讲师管理、参课人员管理、证书管理等。 2）垃圾分类志愿者基本信息，志愿活动预约记录，各类志愿活动单项预约次数、总预约次数、总时长记录。 3）志愿者志愿督导预约记录及次数、时长统计。 4）垃圾分类社会监督员基本信息，反映问题信息记录，监督件发起次数统计

依托智慧监管平台，生活垃圾分类处理全过程监管主要采取智能监管+人工巡查相结合的方式，即由智慧监管系统自动获取或相关责任人在智慧监管系统填报相关信息，辅以监管人员线下巡查校对系统数据及编制监管报告的方式。从监管内容可以看出，监管数据主要包括基础数据、运行数据及监控数据等方面。基础数据指相关责任单位及责任人、设施设备的基本情况，主要通过相关责任人一次性填报的方式获取，同时根据监管部门实际需要，进行月度、季度或年度的数据定期更新维护；运行数据指设施设备运行过程中的统计数据、监测数据等；对于配备智能设备的部分，通过智能设备获取数据，对于未配置智能设备的部分，相关数据由责任人进行统计并按时填报；监控数据指垃圾分类处理过程中，监管部门对配备视频监控的区域对应的实时监控或监控视频进行抽查，发现异常情况及违规行为的记录，相关数据根据智能监管系统自动报警情况和检查发现情况统计。监管部门可通过定期线下巡查的方式对相关数据进行现场检查核对，巡查周期可根据实际需求设定。

6.1.4　智慧监管平台设计及运行方案

生活垃圾分类处理全过程智慧监管平台总体架构包括感知层、传输层、数据层、平台层、应用层，见图 6.1。

感知层，可通过摄像头、智能分析设备、车载称重、车载终端、物联网电子秤、RFID 标签等物联感知设备终端为上层平台的数据使用提供支撑。

传输层，可通过智能专网、光纤网络、物联网、运营商 4G/5G 等通信网络等实现感知层设备区域组网、数据传输，主要用于电子标签、称重数据、定位数据等物联感知数据以及视频流、工单流等流数据的传输。物联感知网络速率在 2 Mbps 以上，对于视频流等流数据传输速率，根据 1080p 数据传输要求，网络上行速率大于 2 Mbps。全市因地制宜，采用以无线为主、有线为辅的多层级的网络设计。

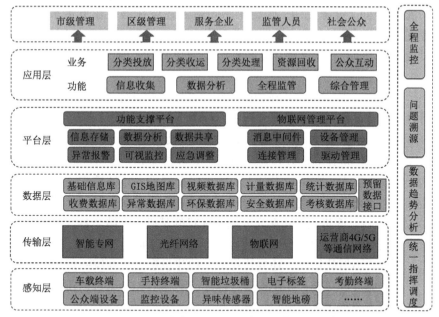

图 6.1　生活垃圾分类处理全过程智慧监管平台总体架构

数据层，分市、区两级，市级统筹全市数据管理和公众互动参与，区级主导业务管理和收集各街道具体监管数据及信息并进行存储、管理、汇总上报等。市平台实现对区级感知数据的接入、分析能力，区平台负责与区物联感知设备进行对接，实现设备管理、巡检、数据接入、解析等功能。数据层具体包括基础信息库、GIS 地图库、视频数据库、计量数据库、统计数据库、收费数据库、异常数据库、环保数据库、安全数据库、考核数据库等。

平台及应用层，区级平台主要根据全市统一的数据采集、传输标准，对数据信息进行提交上报；市级平台主要从信息收集、全程监管、数据分析及综合管理等方面对垃圾分类投放、收运、处理等全过程的数据和监管信息进行收集、汇总与分析，实现对垃圾分类处理全程监控、问题溯源、数据趋势分析以及统一指挥调度等功能。

生活垃圾分类处理全过程智慧监管平台在建设过程中需遵循的总体方针和思路如下。

1）分级建设、统筹管理：依据生活垃圾分类属地管理原则，实行"谁管理、谁建设、谁维护"。市城市管理部门负责制定统一的数据标准和传输协议，收集区物联感知系统推送数据，做好数据分析、应用、考核工作。区城市管理部门负责建设区物联感知系统，因地制宜地部署安装物联感知设备，保证物联感知数据传输正常、完整。实现市分类管理平台和区物联感知系统互通互联、资源共享。

2）整体协同、资源复用：区物联感知系统建设在满足业务需求的基础上，充分考虑市、区各级统筹建设的电子政务网络、视频专网等复用可行性，节约建设成本，协同平台建设，提高系统集约化程度，避免重复建设和低水平投资。

3）经济可行、技术先进：在物联感知设备配置时充分考虑成本因素。对已投入使用的，在满足数据自动采集和智能监控的情况下，通过升级改造方式，充分利用，避免重复投资建设。对于新采购的，在满足统一硬件参数要求的基础上，充分比选，选择性价比高的硬件感知设备；在软件平台建设技术选择上，充分运用成熟、先进的技术，在架构设计上应考虑可拓展性，预留感知设备及软件功能迭代升级空间，在满足垃圾分类监管需求的同时降低成本。

4）试点先行、逐步上线：在充分调研现状的基础上，结合各区对未来垃圾分类事业的发展规划，科学、全面地进行统筹设计；采取分步实施、稳步推进的建设模式，秉持"不但建得快，还要建得好"的建设态度，在统一规划的基础上分阶段、有步骤地推进实施；先建框架，再逐步深化；先行试点，再全面推广，保证项目的工程进度和建成效果。

5）安全稳定、设计规范：在区物联感知系统网络链路建设方面，充分利用各区现有政务网络资源，降低网络链路建设成本。在网络安全建设方面，充分考虑各类感知设备采集数据传输的安全性和可靠性，通过高效的安全机制确保应用系统数据准确、可靠，防止各种自然因素或人为因素对项目应用层造成破坏。视频数据采集及接入方式应符合国家、省、市对政务数据信息安全的相关要求。

6.2　物联网监控系统和大数据管理平台

6.2.1　生活垃圾智慧监管体系

运用物联网、大数据、云计算等新一代信息化技术手段，对物联感知系统构建、数据传输系统建设、平台监控应用界面设计、数据管理平台搭建等方面的关键问题进行研究，突破生活垃圾源头分类智慧督导、收运过程智慧感知、处理设施智慧管控、回收网络智慧融合以及公众参与智慧互动等技术瓶颈，构建涵盖全口径、全系统、全链条的智慧监管体系（图 6.2），实现覆盖全市各类垃圾分类投放、收运、处理、资源回收等主要环节的物联网监控和数据智慧管理。

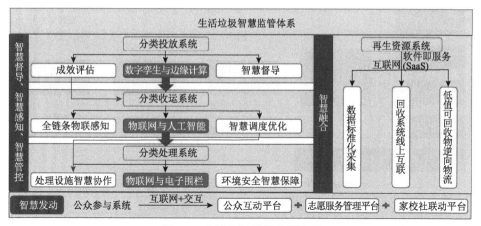

图 6.2 生活垃圾智慧监管体系

6.2.2 生活垃圾源头分类智慧监管

深圳市作为一个典型的超大城市,管理人口超过 2000 万人,常住人口达到 1756 万人,其中流动人口占常住人口的 70%以上。管理人口多且人员流动性强,增加了对生活垃圾投放行为的引导及监管的难度。同时,全市将生活垃圾产生源主要分为 14 类,各类垃圾产生场所有 53000 余个。生活垃圾产生源数量多且类型杂,也给生活垃圾分类投放管理带来一定难度。针对生活垃圾源头分类投放,开发分类投放成效评估模型,以加强对源头分类投放点管理及分类投放数据分析,实现对投放点分类效果的科学智能评估;通过建设源头分类智慧督导系统,提供投放点智慧化计量、信息采集及传输、实景化呈现,进而解决投放源头信息采集管理困难、分类参与率和准确率低、人工督导成本高等问题。

(1)分类投放成效评估模型

深圳市生活垃圾产生源及分类投放场所包括住宅小区、城中村、工业园区、机关企事业单位、餐饮场所、农贸市场、大型商超、商务写字楼、学校、医院、酒店、公园景区等十余类。针对各类型产生源,开发了多维度动态评估模型(图 6.3),其涵盖居民行为、居民素质、场所情况、监督效果和其他因素共计 5 大项 59 细项。通过持续的样本训练,回归分析各评估项的权重,并结合物联感知采集数据和边缘计算方法自动科学计算各投放点的分类成效。模型现已应用于投放点清单化管理、督导调度、分类红黑榜评定等工作,并用于支撑生活垃圾分类的执法行动。

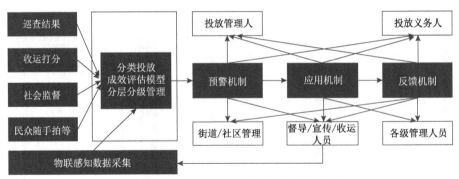

图 6.3　生活垃圾源头分类投放成效评估模型

（2）投放点智慧督导方案

设计以多功能智能杆、RFID 溯源设备、立体监控系统、5G 网络通信设备、语音督导设备等为载体，适应不同投放点现状的智能感知系统和数据传输处理方式。

1）源头计量。

制定针对智能桶的桶下计量方案和针对普通桶的多重计量方案（图 6.4）。

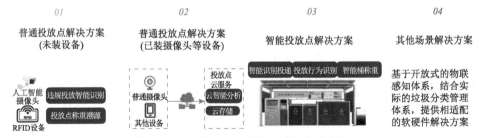

图 6.4　不同类型投放点物联感知解决方案

2）视频数据采集及处理。

由于投放点数量众多，会产生海量的视频监控信息。若不对相关信息进行区分，就将其统一上传到云端服务器进行人工处理，则不仅会增加数据传输的难度，还难以实现关键信息的有效提取。因此，通过开发一系列人工智能算法（表 6.2），实现针对投放点的环境卫生、安全管理、设施设备、现场督导、投放行为、违规行为的各类场景信息采集，最大化地降低管理成本，提升管理效能和效果。针对投放点摄像头布置形式不一的情况，结合边缘计算和云端计算两种计算模式，开发适应不同类型摄像头的人工智能模型部署方式。

表 6.2　投放点视频人工智能算法清单

序号	算法名称	说明
1	打包垃圾乱堆放识别	在指定区域监测到垃圾时，触发告警
2	垃圾桶满溢识别	当垃圾桶装满或溢出时，触发告警
3	暴露垃圾识别	当检测到未入箱垃圾事件时，触发告警
4	垃圾桶冒烟识别	当指定区域内产生烟雾时，触发告警
5	垃圾桶起火识别	当指定区域内产生火焰时，触发告警
6	装修垃圾乱堆放识别	当装修垃圾堆放超出指定区域时，触发告警
7	废弃纸箱检测	当废弃纸箱超出指定区域时，触发告警
8	督导员在岗识别	对督导员在岗、到岗时间识别
9	投放督导行为识别	对场景内督导员是否存在引导行为进行识别
10	垃圾投放行为识别	识别垃圾投递行为，统计市民投放垃圾的类型
11	垃圾桶外观识别	当监测到垃圾桶外观有污物时，触发告警
12	垃圾桶体破损识别	当监测到垃圾桶外观存在破损时，触发告警
13	分类容器混运识别	当监测到混收混运情况时，触发告警

3）数字孪生。

应用数字孪生技术，利用 GIS、投放点模型、传感器标签推送等数据，结合摄像头实时调用，在智慧督导系统中实现投放点的实景化呈现。以盐田区和南山区为例，辖区率先构建"GIS+建筑信息模型（BIM）+城市信息模型（CIM）"融合应用，支持管理人员对投放点实时状态的精准判断，实时跟踪各类投放点的设施设备运行状态，实现投放点的数字孪生（图 6.5），从而奠定垃圾分类城市数字大脑可视化的基础。

图 6.5　投放点数字孪生呈现

根据分类投放成效评估模型，利用人工智能和大数据技术进行数据清洗、入库和深度计算，对各投放点的总体情况定量赋分，根据分值判断后续采取的督导和监管方式。根据评估得分，划分为好、中、差三档，各投放点根据评分档可采用全智能无人值守督导、智慧辅助人工督导、重点强化督导三类不同的督导形式（图 6.6）。

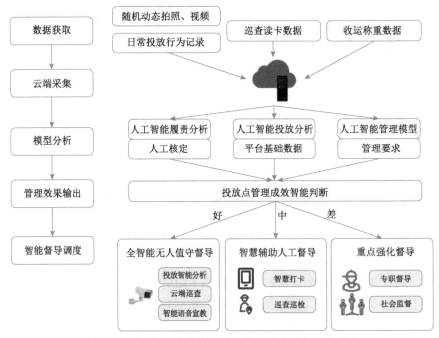

图 6.6 利用分类投放成效评估模型自动判断督导模式

6.2.3 生活垃圾收运过程智慧监管

随着生活垃圾分类工作的推进，收运系统也由原来的单线混合垃圾收运转变为多线多品类垃圾复杂物流。针对生活垃圾分类收运智慧监管，构建收运全链条物联感知体系，实现全市各类收运设备设施接入物联网系统。面对不同类别垃圾，有针对性地开发智慧收运调度模式，实现收运过程降本增效。

（1）全链条收运物联感知体系

依靠身份识别、定位系统、称重设备、视频监控设备及噪声、气体等在线监测设备构建，系统为涉及垃圾收运的人员、车辆、设施等赋予数字信息，实时上传收运时间、作业流程等全要素信息，实现对生活垃圾收运全链条的智慧感知。

1) 收运车辆物联感知体系。收运车辆安装定位系统,利用电子围栏进行管理,对车辆行驶状态、车速等进行实时监控,对违规、超速、超出收运范围等异常事件进行告警。同时,收运车辆安装车载视频监控设备,针对收运流程实现作业规范、收运员是否离岗等智能监控,全面保障收运流程的合规性和及时性。对于部分收运车辆,配备小型移动式高精度物联感知电子秤或车载称重系统,配合 RFID 设备等实现产生源身份识别,最终实现垃圾量源头计量。

2) 转运站及暂存点物联感知体系。对于暂存点和转运站进行物联感知改造,配备身份读写设备、称重设备等,对进入站点的收运车辆进行身份识别,关联所属企业、车牌、去向等车辆信息及车辆毛重、车辆净重、垃圾质量数据等信息。配备视频监控设备,对门口、料斗关键位置进行在线监控,确保车辆有序进出站点、设施正常运行。对于部分距离人群较近、邻避效应较为明显的转运站点,还可配置噪声、臭气等在线监测设备,对噪声、臭气等排放进行实时监控和预警。

（2）智慧收运调度模式

针对生活垃圾收运体系的复杂性,开发不同的智慧收运调度模式,总体分为巡回工单、预约定向工单、紧急工单三类。

巡回工单和预约定向工单:智慧调度中心按照三个步骤完成调度:一是整体收运目标的调度和排期,重点兼顾预约对象的预约时间、历史质量数据及本次预估数据、巡回收运计划等;二是对具体车辆和司机进行具体点位的编排与路径的设计,依据智能预测路况和道路限行规划合理路线、满载后折返的次数等输出多条备选线路,其经由司机选择后在系统报备;三是收运过程中新增预约工单或者收运对象的调度计划,系统通过对优先级、距离情况、原收运线路计划等综合判定,决策是否纳入既定收运线路或者下一车次线路,或者是否沿途自增未预约但系统预测可能已经达到一定量的收运目标。

紧急工单:智慧调度算法优先派单并智能安排符合资质和要求的收运车辆,通过小程序司机端发起调度提示并落实。若多次发起紧急工单,系统对场所进行自动标记,对街道/社区负责人发起告警并督促现场核实。针对投诉工单,系统自动对收运企业进行告警,收运企业在接收派单时重点标记投诉点位对应的工单,在经过一定周期的收运且评价分数提高后,撤销标记。

6.2.4　生活垃圾处理过程智慧监管

针对生活垃圾分类处理过程智慧监管,通过将各类处理设施接入智慧监管系统,以计量数据准确、运行数据实时监测、全市资源统一实时调配等精细化管理需求为目标,实现对垃圾处理设施的优化调配、在线监控、环保达标、安全保障等多维度管控功能。

（1）处理设施智慧监管方案

通过整合接入地磅计量系统、视频监控系统等，主要对以下几方面信息进行在线监管。一是运输车辆监管，主要实现对进入处理设施的垃圾运输车辆的实时在线监管，包括车辆信息管理和车辆运行管理两方面。二是垃圾计量监管，对地磅信息进行管理维护，包括地磅名称、地磅型号等基本信息，系统建立相应数据库。计量监管可以判断垃圾处理设施是否在正常稳定生产负荷内运行，也是处理费用结算的重要依据，还可实现垃圾量的溯源分析，掌握不同区域垃圾量的产生和清运状况。三是生产运行监管，通过对生产工况指标、产量指标、物料消耗指标等的在线监控，实现处理设施运行状况的实时监管。四是环保监管，通过接入处理设施环保自动监测数据，实现对污染物排放的实时监控和超标预警。主要指标包括烟气排放指标、污水排放指标、臭气指标等。通过环境监测系统（EMS）数据接入，对上述指标进行实时监管和超标预警。

（2）强化环境安全智慧保障体系

通过定位系统、视频监控、在线监测等手段，利用边缘计算或云端计算方式，对处理设施关键场所设备、作业人员等进行安全管理。对易燃易爆场所、有限空间和实施动火作业的区域设置电子围栏。人员佩戴定位设备，通过定位系统，对电子围栏内在线人数进行自动统计，人数一旦达到或者超出设定值，或者在区域内停留时间过长即启动报警，警示立即撤出多余人员；电子围栏区域内出现人员擅自离岗、串岗等超范围活动，定位人员超时不移动，启动报警，提示相关人员迅速查明现场情况。对关键场所，安装视频监控设备，通过部署人工智能预警模型，实现对作业人员行为规范、防护用品及装置等安全生产场景和冒烟、失火、高坠等事故场景的自动预警。对于敏感指标，如可燃气体、有毒气体、噪声等，通过在线监控系统掌握实时监测情况，超标时自动报警。

（3）建立处理设施智慧协作体系

智慧监管平台对全市清运车辆进厂权限进行统一管理，实现全市垃圾的统一调配。根据各处理设施的调配量及超标预警，合理调配 10 个区的进厂垃圾量，精确到每天、每时段。同时，可以预设各区进厂垃圾的限额和预警值，当某个区进厂垃圾量达到预警值时将自动报警，并通知后续清运车辆停止进厂。对于多种有机废弃物和二次残渣，利用智慧调度实现不同组分的协同处理，充分利用设施的处理能力并提升处理效率，避免处理设施的非正常运行和二次残渣的非法倾倒。

6.2.5　两网融合系统智慧监管

针对资源回收及循环利用，利用物联网和 SaaS 服务平台，建立面向生活垃圾分类系统和再生资源回收系统两网的智慧融合系统，通过两网的数字衔接和设施设备共享，实现两网数据标准采集，解决全市可回收物准确计量和数据规范统计问题。针对典型低值可回收物，从单品类入手，探索提出逆向物流解决方案。

（1）建立再生资源物联网与数据标准

针对由各类回收点、站、场构成的再生资源系统，在不影响其现有业务管理模式和系统运作的情况下，通过开发数据采集的系统性解决方案，在回收点提供电子秤自动蓝牙接入，实现线上预约、线下交易、线上支付的模式。在回收站整合智能摄像头监管、电子磅接入，实现实时数据采集。在回收场或分拣中心建立自动过磅系统，通过智能摄像头监管，实时传输可回收物的来源和去向信息。通过整合信息资源，为前端用户投放、中间中转接收、过程物流运输、末端分拣中心处置四大环节提供便捷易用的调度管理功能，实现包括称重、GPS 定位、视频监控等信息化作业，在投放、收集、运输、处理环节全面实现再生资源的规范化线上数据信息流转。

（2）开发资源回收的"互联网+"模式

利用 SaaS 服务平台整合环卫作业系统和再生资源系统的可回收物回收工作，与微信、支付宝等互联网平台合作，搭建可回收物"互联网+"回收平台。该平台可以为全市住宅小区、城中村、学校、大型写字楼、商业街区等公共场所及公共机构提供线上预约、线下回收的一站式可回收物收运服务，实现垃圾分类与资源回收密切衔接。对于校园等特殊区域，探索了使用专用回收袋进行收运的模式，如图 6.7 所示。

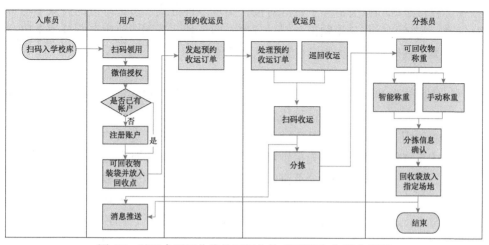

图 6.7　基于专用回收袋的可回收物"互联网+"回收流程

（3）创新低值可回收物回收体系

针对典型低值可回收物，深圳市构建了覆盖全市的牛奶盒回收网络体系，在全国率先全市发起牛奶盒单一品类回收，并探索低值可回收物的逆向物流解决方案。回收网络以"环保银行"平台为依托，打造"牛奶盒回收"信息化平台，为全市各学校以及各社区提供牛奶盒线上预约收运、管理及积分商城等集约化管理服务，促进牛奶盒资源回收的高效化、便捷化、数据化管理。建立牛奶盒回收标准流程和规范，设计并配置牛奶盒专用回收车，通过制定收运行程表对牛奶盒进行定向回收。

6.2.6　公众互动环节智慧监管

垃圾分类是一项长期、艰巨的社会系统工程，除由政府、企业构建完善的分类投放、收集、运输和处理系统外，还需要公众的广泛参与。针对生活垃圾全过程宣传及公众互动，在对深圳市公众投放行为进行长期跟踪调查的基础上，结合深圳市"志愿者之城"的特色，利用"创新之城"的科技力量，以"互联网+"为阵地，集中深度链接公众参与垃圾分类的各项需求。

为更好地支撑线上线下的公众互动参与，建设以"互联网+"为阵地的公众互动参与平台，平台使用移动互联网技术，以市级平台为归口，与政府政务服务平台和智慧社区平台进行对接融合，统一协调全市各类宣教活动。平台汇聚融合用户基础数据、网格数据、市民互动参与数据等公共数据，为市民和企业提供均等、便捷、个性化服务。

平台利用 GIS、大数据分析、图片识别等技术，通过与义工系统、数字城管系统、教育系统和社会治理平台等对接，实现多种方式、多种维度的公众参与智慧发动，实现"公众分类知识学习、分类专项宣教、分类志愿服务、分类全民监管、分类实践体验、分类激励机制"六大功能。

分类知识学习是指通过线上课堂与线下课堂（微课堂）结合的方式，便利公众进行垃圾分类知识的学习。分类专项宣教是指针对入户宣传、"蒲公英"计划等垃圾分类专项宣教工作提供网络统一入口和渠道。其中，针对入户宣传，通过二维码的使用，实现对宣传员入门入户宣导的在线记录，为入户工作量和工作质量的评估与宣传员的评优评先提供可靠依据。"蒲公英"计划是通过组建并培养垃圾分类宣传人才队伍"蒲公英讲师"，统一和规范垃圾分类教育培训课件与宣传资料，搭建一整套垃圾分类公众教育体系，实现垃圾分类公众教育体系化、规模化、常态化。分类志愿服务是指利用 GIS、大数据分析、图片识别等技术，打通志愿服务与垃圾分类数据关联壁垒，实现垃圾分类志愿服务数据全自动采集，建立垃圾分类志愿活动的统一入口和渠道。面向公众方面，打造出全国首个志愿督导预约平台，实现一键预约、智能导航、义工注册、服务时长自动采集统计、违规操作识别等功能使用及数据采集。分类全民监管是指为推动社会参与和监督，建立"垃圾分类社会监督员服务平台"，构建社会监督员人员信息库。分类实践体验是指通过开发家校社智慧联动系统，推进校园垃圾分类教育工作。打造垃圾分类环保银行模式，开发校园垃圾分类环保银行系统。分类激励机制是指为激励公众深度参与垃圾分类行动，设置勋章墙、碳币平台等功能板块，带动更多公众参与。

6.3　全过程评估考核体系构建

为科学评价分类工作情况，2018 年 6 月，住房和城乡建设部发布《城市生活垃圾分类工作考核暂行办法》，对 46 个垃圾分类重点城市的垃圾分类工作开展季度考核，考核内容主要包括引导居民自觉开展生活垃圾分类、加强生活垃圾分类配套体系建设、强化组织领导和工作保障等工作进展情况及取得的成效。2021 年印发的《住房和城乡建设部关于印发省级统筹推进生活垃圾分类工作评估办法和城市生活垃圾分类工作评估办法的通知》（建城〔2021〕58 号），明确将围绕体制机制建设、推动源头减量、分类投放、分类收集和分类运输、分类处理、组织动员和宣传教育、基层组织建设和社区治理、文明习惯养成等内容对全国地级以上 297 个城市进行垃圾分类工作考核，为生活垃圾分类处理过程评估考核体系构建提供了重要指导。随着住房和城乡建设部垃圾分类处理工作评估办法及细则的发布，各垃圾分类重点城市对应发布了评估考核方案及细则，并根据工作进展不断调整考核内容和权重。大部分城市普遍推行多级考评制度，以区、街镇、村居等为考核对象，通过逐级自查、抽查、汇总及报送等方式，对各区域的垃圾分类工作进行整体评估考核。考核内容主要包括分类设施设备配置及管理、分类收运体系、分类处理体系、垃圾分类实效、源头减量、组织动员和宣传教育、示范创建、信息报送管理等，垃圾分类考核覆盖范围逐步从居住区、事业单位拓展到公共场所、沿街商铺等，对垃圾分类实效、规范收运处理等方面的考核力度也进一步加大。为响应精细化管理要求，考核指标中量化指标增多，评估考核内容和结果更加科学、客观，更能反映垃圾分类工作实效。

6.3.1　深圳市垃圾分类处理过程评估考核现状

深圳市以《深圳市生活垃圾分类管理条例》为核心，已初步建立起以分类为核心的生活垃圾市、区两级管理模式。在现有体系下，深圳市生活垃圾分类处理工作情况主要有以下考核方式。

（1）深圳市生活垃圾分类评估考核

深圳市定期会发布深圳市生活垃圾分类工作评估细则，在住房和城乡建设部评估细则的基础上，明确体制机制建设、推动源头减量、分类投放、分类收集和分类运输、分类处理、组织动员和宣传教育、基层组织建设和社区治理、文明习惯养成、保障措施等主要评估内容。根据市级制定的评估细则，市主管部门组织人员开展对各区垃圾分类工作的评估考核，各区主管部门结合辖区实际管理情况，定期组织对辖区内垃圾分类工作情况的评估考核。

（2）深圳市环境卫生综合考核

深圳市建立了以各街道为基本测评单位的环境卫生测评考核机制，将现场测评指数和居民满意度指数的和作为环卫测评指数并进行排名。现场测评指数由每个街道采集 11 类场所的 55 个测评点的考察结果组成，占得分的 80%，居民满意度指数根据调查每个街道 100 位居民对卫生环境满意程度得出，占得分的 20%。环卫测评每月进行一次，每月的街道环卫测评指数都将上传至深圳市城市管理和综合执法局官网进行公示。环卫测评中包含的各场所垃圾收集点环境、垃圾转运站环境管理、垃圾清运车辆管理等内容属于生活垃圾管理范畴。

6.3.2 全过程评估考核体系架构及指标构建

（1）评估考核体系架构

以检验和提升垃圾分类成效为目标，系统梳理生活垃圾分类处理过程评估考核需求，提炼关键评估考核指标，建立并完善生活垃圾分类处理过程评估考核体系架构（图 6.8），为主管部门开展生活垃圾分类处理过程考核工作提供依据和参考。

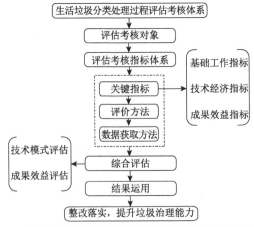

图 6.8 深圳市生活垃圾分类处理过程评估考核体系架构

（2）评估考核指标体系构建

构建评估考核指标体系是整个评估考核工作的核心，制定考核细则的关键在于关键指标的确定。通常地，构建评估考核指标体系有以下三种方法：一是对需要评估对象的价值取向、内涵、指导思想等进行分解得到关键指标；二是通过问卷调查或访谈等方式筛选出关键指标；三是从现有政策文件中对相关指标进行筛选，并对指标体系进行优化或重构。考虑到评估考核指标体系应兼顾科学性和实用性，主要选择第三种方式构建覆盖垃圾分类处理全过程指标体系。

1）基本原则。

全面性原则：评估考核指标体系应包括生活垃圾分类投放、收运及处理全流程、各环节重点考核指标；评估考核指标应包括基础工作指标、技术经济指标、成果效益指标及社会评价指标。

差异性原则：不同类型场所的垃圾类别、分类管理难度和分类基础有较大差异，因此评估考核指标体系应遵循差异化原则，指明每项指标的适用范围和权重。

客观性原则：在评估考核过程中，涉及的考核人员众多，为保证评分标准一致、评分公平公正，在细化明确评分标准的同时，应尽量保证评估考核指标的客观性，增加定量指标的设定比例，减少主观评判指标。

可操作性原则：为了确保评估考核指标体系落地和应用，应明确各项评估考核指标的具体考查内容、评分标准及数据获取方式。

2）关键指标筛选及确定。

评估考核指标体系应以定量指标为主、定性指标为辅，覆盖各环节主要的基础工作指标、技术经济指标、成果效益指标及社会评价指标。针对差异性较大的不同场所或不同设施，应分别制定不同的评估考核内容，保证评估考核指标体系的科学、全面。

3）评估考核指标体系清单。

在明确关键评估考核指标的基础上，应确定各项指标的评价方法，并规范数据获取方法，指导市、区主管部门落实评估考核工作，提高生活垃圾分类及处理管理效率，具体见表 6.3。

表 6.3　生活垃圾分类处理过程评估考核指标体系

主要评估内容	关键指标	评估考核要点	评价标准方法	数据获取方法	指标类型
体制机制建设	主体责任落实	明确责任清单	定性考核，审核相关文件，考察各区是否建立主要负责同志是第一责任人的工作机制及多部门工作协调机制，制定年度工作计划，并建立常态化执法机制	各区每季度提交相关文件、执法检查通报等材料至市主管部门	基础工作指标

续表

主要评估内容	关键指标	评估考核要点	评价标准方法	数据获取方法	指标类型
体制机制建设	工作机制完善	制定年度工作计划 建立常态化执法机制	定性考核，审核相关文件，考察各区是否建立主要负责同志是第一责任人的工作机制及多部门工作协调机制，制定年度工作计划，并建立常态化执法机制	各区每季度提交相关文件、执法检查通报等材料至市主管部门	基础工作指标
推动源头减量	源头减量成效	限制过度包装 限制不可降解塑料 限制一次性用品 "绿色办公" "光盘行动"	考核由区日常检查落实情况和市抽查考核评估两部分组成。 定性考核，各区需开展各相关场所的政策落实情况检查，同时每季度按时提交相关材料（政策文件、日常检查及通报记录）至市主管部门审核。 定量考核，市主管部门每季度组织14类场所抽查考核，相关场所源头减量情况单项得分按权重折算为推动源头减量抽查考核得分	各区每季度上传相关材料至平台； 市级抽查考核数据结果上传平台	成果效益指标
分类投放与收集	投放点建设及管理	分类投放设施配置 回收服务信息公示 垃圾分类静态宣传	定量考核，考察各投放点及暂存点设施设备配置是否符合14类场所分类工作指引要求；各区统筹组织各垃圾分类投放管理人收集管理场所相关信息并上传至平台，信息每季度核对更新一次；市主管部门在线审核，各项分别按合格率予以评分	各区组织上传资料至平台	基础工作指标
		智能设备配置	定量考核，智能设备包括视频监控、RFID等物联感知设备，以设备安装并与平台联网为合格，每季度根据平台联网数据，根据完成率及年度目标值予以评分		
		厨余定时投放管理 定时督导管理 投放点环境管理 暂存点设置及管理 垃圾分类台账管理	定性考核，由市季度抽查考核得分构成；监管/检查人员现场检查各投放点情况并评分，平均分即为区得分。 随着智能手段的进步和智能设备的配置，预期可通过人工智能识别及异常报警功能实现对投放点管理情况的监管和检查	日常监管、定期抽查考核数据上传平台	

续表

主要评估内容	关键指标	评估考核要点	评价标准方法	数据获取方法	指标类型
分类投放与收集	分类宣传培训情况	动态宣传	定性考核，根据市季度抽查考核情况进行评分，考察考核单位是否定期组织开展垃圾分类相关培训、宣传活动等	定期抽查考核数据结果上传平台	基础工作指标
	分类投放效果评估	知晓率	定量考核，由市参与率准确率调查得到各区垃圾分类投放参与率、准确率，再根据结果所处区间赋分（每半年统计一次）	问卷调查	成果效益指标
		参与率		抽样调查、定点观察或调取投放点视频监控	
		准确率			
		满意度		问卷调查	
分类运输	分类运输体系建设	覆盖率	定性考核，考察各区是否建立了全品类的垃圾运输体系，且覆盖全区	提交合同等证明材料至市主管部门或平台	基础工作指标
		运输能力	定量考核，各区组织收运企业提交运输车辆基本信息，如车牌、载重等，市主管部门结合各区常住人口及垃圾产生量，对各区垃圾运输能力进行评估及评分	各区组织提交收运企业上次车辆信息至平台，每季度核对更新一次	
		收运路线、频次规划	定性考核，主要从两方面进行评价：一是评估各区制定的垃圾收运路线和频次规划是否合理；二是根据季度内平台关于收运路线、频次、垃圾满溢等问题的预警记录，以及相关投诉	各区上传相关文件至平台；平台自动获取预警信息及投诉信息	
	转运站建设及管理	新建及改扩建情况	定性考核，各区组织上传相关证明材料至平台，并每季度核对更新一次；定量考核，逐步推进智能设备配置工作，每季度统计各区转运站安装视频监控、地磅系统、环境污染指标（废水、废气、噪声等）检测装置并接入平台的数量，并根据统计数据和年度总体要求进行评分	各区提交相关信息至平台，每季度核对更新一次；平台自动获取智能设备接入情况	基础工作指标
		设施设备配置情况			
		运营管理情况	定性考核，市主管部门委托第三方企业，对全市转运站进行现场巡查考核，每季度或半年覆盖一次全部转运站。考核内容包括台账（指垃圾转出站台账、转运站运行记录、消杀记录及消防设备检查记录等）、设施设备、周边环境质量、安全管理情况等。随着智能手段的进步和智能设备的配置，预期可通过视频监控实现对转运站的监管和检查	日常巡查数据整理总结后上传平台	

续表

主要评估内容	关键指标	评估考核要点	评价标准方法	数据获取方法	指标类型
分类运输	暂存点建设及管理	建设情况	定性考核，各区将区暂存点设施设备、环保及消防配置等拍照上传至平台，每季度更新一次	各区提交相关信息至平台，每季度更新一次	基础工作指标
		垃圾暂存规范情况	定量考核，市主管部门委托第三方企业，每季度对区暂存点进行现场检查，考察暂存点垃圾是否分区存放、环保及安全设施设备是否配置齐全、空气质量、数据管理规范性等，同时考核暂存点人工智能视频监控、地磅系统配置及与平台联网的情况，进行综合评分。随着智能手段的进步和智能设备的配置，预期可通过视频监控实现对转运站的监管和检查	季度检查情况整理总结后上传平台	
		环保安全管理情况			
	运输车辆管理	新能源车辆使用比例	定量考核，各区每季度统计新能源分类车辆使用比例	各区提交相关数据至平台	基础工作指标
		智能设备配置情况	定量考核，根据平台数据，统计车辆配置GPS定位、监控、车载称重设备的比例	平台自动获取智能设备接入情况	
		车辆外观及标识	定性考核，每季度调取一定量的车辆视频监控，辅以现场抽查，对车辆外观、标识及运行情况进行检查评分	调取视频监控或现场检查情况	
		车辆运行情况			
		安全技术检查情况	定性考核，每季度至少核查2家清运企业的车辆安全技术检验报告，确保报告真实可靠，以防止车辆卸料过程中出现掉箱等事故	各区每季度上传一次核查情况及相关报告至平台	
分类处理	分类处理效果	生活垃圾回收利用率	定量考核，根据垃圾量统计数据，市主管部门每季度对各区三项指标进行核算，并根据当年目标值进行评分	平台统计数据调取及分析	成果效益指标
		厨余垃圾分类率			
		玻璃分类率			
	处理设施运营管理	制度建设	定量考核，市主管部门参照各类处理设施监管标准及手册制定考核细则，每季度对各处理设施进行一次检查及评分，辖区内各设施平均得分为该项总评分	季度考核	基础工作指标
		日常运行			
		安全管理			
		环境管理			
		经济管理			技术经济指标

续表

主要评估内容	关键指标	评估考核要点	评价标准方法	数据获取方法	指标类型
宣传教育	宣传推进	责任落实	定性考核，各区每季度提交相关资料，体现主要负责同志亲自推动工作情况	各区每季度上传相关资料至平台	基础工作指标
		活动宣传	定性考核，各区每季度提交开展的区级范围主题宣传活动的相关资料，每季度需开展 2 次		
		入户宣传	定量考核，市主管部门每季度统计平台记录的各区开展入户宣传覆盖情况	平台统计数据调取及分析	
宣传教育	校园发动	"蒲公英校园"覆盖率	定量考核，市主管部门每季度统计平台记录的各区"蒲公英校园"创建情况	平台统计数据调取及分析	成果效益指标
		牛奶盒回收覆盖率	定量考核，市主管部门每季度统计平台记录的牛奶盒回收覆盖情况		
		科普馆参观覆盖率	定量考核，市主管部门每季度统计平台记录的科普馆参观学校覆盖情况		
	志愿发动	志愿活动开展	定性考核，各区需每季度至少开展 1 次区级垃圾分类志愿者活动或公益活动，上传活动相关文件、照片为评分依据	各区每季度上传相关资料至平台	成果效益指标
		志愿督导动员	定量考核，市主管部门每季度统计平台记录的志愿督导预约人次	平台统计数据调取及分析	
基层治理		基层党建	定量考核，统计并考核区、街道、社区三级联动工作会议组织情况、每季度党员社区报到人次以及党员参加垃圾分类活动人次等	各区每季度上传相关资料至平台	成果效益指标
		基层管理	定性考核，各区每季度提交相关资料，体现辖区各街道是否建立垃圾分类巡查通报工作机制、街道及社区是否安排专人负责垃圾分类工作、成立市容环境巡查队伍以及积极开展垃圾分类奖惩工作等，资料主要包括相关文件、人员安排及相关工作情况等	各区每季度上传相关资料至平台	基础工作指标
		社区自治	定性考核，不同社区、小区根据自身特点制定不同的垃圾分类工作推进方案，各区每季度提交"美好环境与幸福生活共同缔造活动"实践经验总结	各区每季度上传相关资料至平台	成果效益指标

续表

主要 评估 内容	关键 指标	评估考核要点	评价标准方法	数据获取方法	指标 类型
保障 措施	信息报送机制	各区于每季度最后一个月 28 日前报送当季度生活垃圾分类工作推进情况	各区每季度上传相关资料至平台	基础 工作 指标
		各区、街道须设立垃圾分类专项经费预算项目，确保专款专用，保障资金投入	各区每季度上传相关资料至平台	
	资金投入保障机制	各区需每年度对全区年度生活垃圾分类处理工作投入总成本进行核算，并报至市主管部门	各区每年度上传相关资料和核算结果至平台	技术 经济 指标

6.3.3 结果运用与保障机制

（1）结果运用

结果运用是实现评估考核目标的关键环节，评估考核作为管理政策和阶段性工作调整、垃圾分类奖罚政策施行的重要依据。坚持问题导向、以评促改、激励约束的原则，通过评估考核发现当前阶段垃圾分类处理工作的主要问题，并推进整改和完善。

整体评估：对各区评估考核资料进行逐项分析，根据评分依据，对各区分类情况进行综合评分，方便各区明确自身垃圾分类工作现状并以此为依据进行管理政策优化；对考核指标的评分情况进行单独分析，评估全市总体情况，找出垃圾分类处理过程的短板和共性问题，为市主管部门制定相关规划及政策提供依据。

限期整改：对评估考核资料进行逐项分析，评估各区各项重点工作的阶段性进展，明确各区突出短板和进度滞后项目。针对未达标项目，以评估考核数据为基础，结合当年垃圾分类处理环节重点工作，市主管部门可对各区进行约谈并限期整改。

激励约束：为配合条例实施及保障垃圾分类管理政策的落实，深圳市建立了生活垃圾分类激励机制，采取激励及约束手段，推进生活垃圾分类工作。评估考核相关资料可作为绿色小区、单位、学校等评选及抽查的重要参考。若在考核及检查过程中发现问题，应要求责任单位限期整改并开展"回头看"。

总结提炼：市主管部门可对评估考核数据进行深入分析和综合评估，总结垃圾管理优秀经验并在全市推广。通过垃圾分类处理成效数据，对分类政策、处理技术进行优化，逐步优化垃圾分类处理体系。

（2）保障机制

保障机制包括建立科学的组织保障、人才保障、技术保障、质量保障机制，保障垃圾分类处理评估考核体系科学、规范、与时俱进，是评估考核体系有效的关键。

组织保障：建立市、区两级生活垃圾分类工作领导小组，主要负责同志分别任各级领导小组组长的工作机制，市、区两级建立包括教育、生态环境、发展改革、商务等主管部门的生活垃圾分类处理工作协调机制。不断建立完善垃圾分类处理工作评估考核制度，以生活垃圾分类市主管部门为核心成立工作组，统筹协调垃圾分类处理过程评估考核工作。组织区、街道、社区及相关责任单位按评估细则填报评估考核材料。

人才保障：加强生活垃圾分类处理过程评估考核工作相关人才队伍建设，不断提高评估考核工作质量和效率。建立技能人才继续教育制度，定期组织开展研修、交流及培训活动，加强相关从业人员对垃圾分类处理过程及其评估考核工作的认识。引入第三方专业企业，通过政府购买方式使专业人才加入评估考核工作中，开展现场检查及数据分析等相关评估工作。

技术保障：充分利用城市管理智慧监管系统，以及物联网、大数据、云计算等新一代信息技术，不断提高评估考核数据采集效率、准确率、时效性。由市主管部门牵头，组织开展生活垃圾分类处理及管理相关技术标准及规范的编制工作，逐步完善生活垃圾管理标准体系，更好地指导相关人员从事生活垃圾分类处理、管理以及分析评估工作。

质量保障：在评估考核工作的过程中，应坚持计划—执行—检查—处理（PDCA）循环工作法，不断优化完善评估考核体系，保障评估质量。

第7章

生活垃圾集约化处置全链条技术集成及综合示范

在垃圾分类、"无废城市"建设和"碳达峰碳中和"战略的引领下建立基于分类的深圳市生活垃圾集约化处置全链条技术集成与综合示范，需要解决以"源头分类、全程减量、梯级利用、安全处置、智慧监管"为主线的生活垃圾物质流动和代谢途径优化重整这一重大科学问题，以及需要突破面向全系统效能提升和全链条风险管控的链接性、匹配性和增效性等关键技术，同时还要开展生活垃圾处理环境绩效多维度综合评价，建立适于我国特大城市的生活垃圾分类处理长效机制。

7.1 深圳市生活垃圾处理系统演化

7.1.1 深圳市生活垃圾产生与处理现状

根据第七次全国人口普查数据，深圳市常住人口达到 1756 万人，是中国七座超大城市之一。从 2014 年开始，深圳市生活垃圾无害化处理率就维持在 100%；2019 年和 2020 年深圳市分别清运处理生活垃圾 760 万 t 和 716 万 t（图 7.1）。

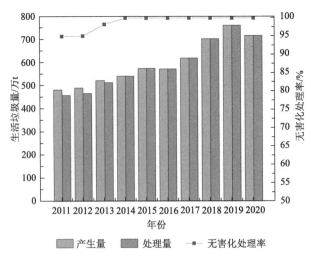

图 7.1 2011～2020 年深圳市生活垃圾产生量、处理量及无害化处理率

2019 年 12 月，深圳市通过了《深圳市生活垃圾分类管理条例》，自 2020 年 9 月 1 日开始实施。《深圳市生活垃圾分类管理条例》从分类投放、分类收集运输和处理、源头减量与循环利用、宣传教育和社会参与、监督管理、法律责任方面明确了各主体责任义务，为深圳市生活垃圾分类的有力推行提供了保障。深圳市根据人口、经济密度高且土地稀缺的特点，在生活垃圾分类的背景下，大力推进其他垃圾焚烧处理。2022 年，深圳市在运行的卫生填埋场 1 座、焚烧发电厂 4 座、大型厨余垃圾集中处理设施 4 座。焚烧设计处理规模达到 15750 t/d，能覆盖生活垃圾清运量的 80.7%。厨余垃圾集中处理规模达到 1300 t/d。

7.1.2　深圳市 2018～2022 年生活垃圾物质流分析

根据深圳市各类生活垃圾的产生与流向数据，整理 2018～2022 年深圳市生活垃圾物质流，如图 7.2 所示。

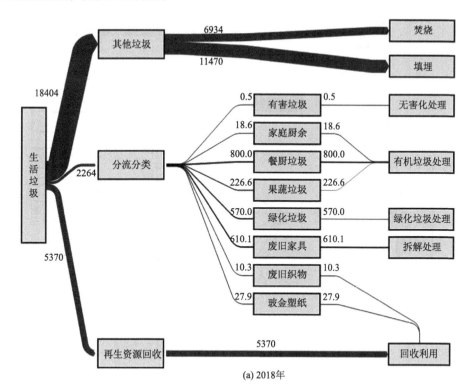

(a) 2018年

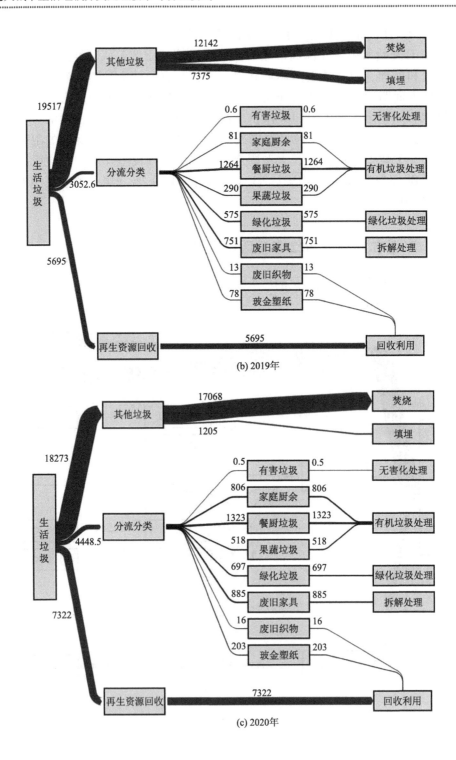

(b) 2019年

(c) 2020年

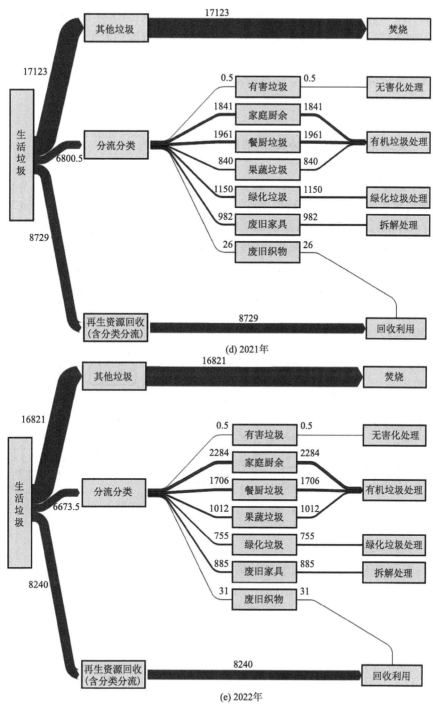

图 7.2　2018～2022 年深圳市生活垃圾物质流

单位：t/d

2018 年起，分类分流的生活垃圾量大幅增长，从 2018 年的 2264 t/d 提升到 2022 年的 6673.5 t/d，在整体生活垃圾产生量（除再生资源回收量）的占比从 10.95% 提升到 28.40%，说明深圳市的垃圾分类工作推进成效显著，大量垃圾进入分类分流体系。在分类分流垃圾中，家庭厨余垃圾的占比提升最为显著，从 18.6 t/d 跃升至 2284 t/d，占比从 0.82% 提升到 34.22%。

7.1.3 深圳市生活垃圾处理环节清单

（1）焚烧

通过对各座焚烧厂的运行数据进行统计（图 7.3），年入炉垃圾量为 366.2 万 t，产生 85 万 t 渗滤液、73.1 万 t 炉渣和 9.8 万 t 飞灰。处理 1 t 生活垃圾平均需要 0.05 kg 燃油或 0.61 m³ 天然气用于起炉或助燃，同时焚烧厂各环节需要消耗 1.98 t 水。在烟气处理环节，每处理焚烧 1 t 生活垃圾所产生的烟气需要消耗 0.54 kg 活性炭和 12.69 kg 石灰。为稳定化焚烧飞灰，需要消耗的螯合剂质量与飞灰质量比值约为 0.47∶1。除去焚烧厂自用的电量外，深圳市生活垃圾焚烧发电厂平均每吨垃圾可上网 309.6 kW·h 电量。

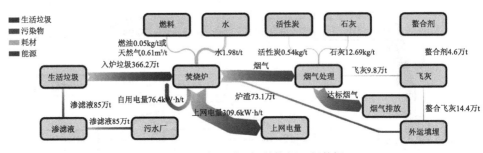

图 7.3　深圳市生活垃圾焚烧厂运行数据

（2）厨余垃圾厌氧消化

深圳市共有 3 家集中式厨余垃圾厌氧消化厂，以某项目典型工艺进行分析。该厂采用"破碎制浆+螺旋压榨+三相分离+水热闪蒸强化水解+两相中温厌氧"工艺，实际日处理量 368 t，其中餐厨垃圾占 90%，果蔬垃圾占 8%，废弃油脂占 2%。该工艺每处理 1 t 废物，消耗 0.92 t 水和 28.7 kW·h 电，产生 1.57 m³ 废水、0.3 t 杂质和 0.1 t 沼渣。其中，废水外运至污水处理厂处理，杂质和沼渣脱水后运送至填埋场填埋。同时，处理 1 t 废物产生 39.3 m³ 沼气用于焚烧发电（图 7.4）。

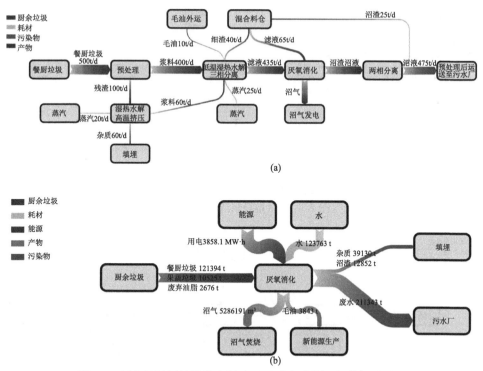

图 7.4　厨余垃圾厌氧消化流程（a）和全年实际运行数据（b）

（3）厨余垃圾制酸

深圳市共两家利用厨余垃圾制酸的处理厂，其主要工艺流程为"厨余垃圾协同预处理分选+制浆+酸化+有机酸制备"，有机质发酵生成有机酸，密闭运输至市政污水厂作为污水处理环节的碳源使用。以大鹏新区示范项目为例，该项目占地面积约 1600 m³，设计处理能力为 50 t/d，实际处理量为 20 t/d，每 20 t 厨余垃圾可制备有机酸近 17 t，同时产生 3.2 t 杂质外运焚烧，设施冲洗用水每天 0.05 t，处理用电为 50 kW·h/t（图 7.5）。

（4）厨余垃圾微生物发酵

大型厨余垃圾处理设施以平湖发电厂内设施为例，其占地面积 3000 m²，设计处理能力为 150 t/d，实际处理量为 80 t/d。处理工艺包括：厨余垃圾预处理系统，固渣高温好氧发酵系统、污水处理系统和废气处理系统。1 t 厨余垃圾在该厂大约可分出 15% 的杂质需要外运焚烧，预处理和发酵过程需要消耗 140 kW·h 电，产生 0.51 t 废水和 0.23 t 废气，废水运输至污水处理厂进行统一处理，废气在厂内处理达标排放，采用的工艺是"高级氧化+碱洗+植物液+生物滤池"。最终 1 t 厨余垃圾经过处理可以生产 0.15 t 有机肥，销售至花场、林场进行土地利用（图 7.6）。

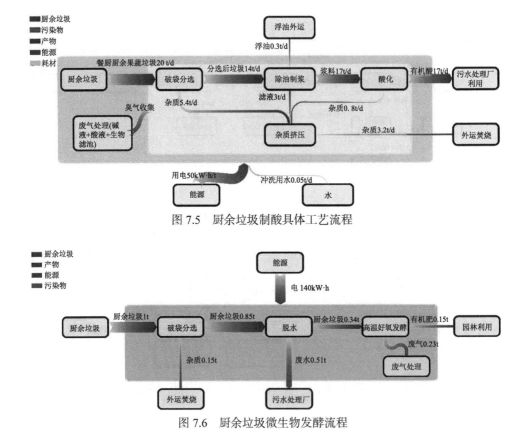

图 7.5　厨余垃圾制酸具体工艺流程

图 7.6　厨余垃圾微生物发酵流程

中小型厨余垃圾微生物发酵处理设施分布在居民区、菜市场、转运站、环境园等地，由于处理规模普遍在 20 t/d 以下，多处理的是附近就近产生的厨余垃圾。

（5）厨余垃圾生物转化

生物转化是指通过饲养黑水虻等生物，高效利用有机固体废弃物，并将其作为饲料动物蛋白源进行进一步产品加工。具体工艺步骤可以总结为"分拣—制浆—养殖—制饲料"。以深圳安芮洁环保科技有限公司为例，其占地面积 8000 m²，设计处理能力为 100 t/d，实际处理量为 20 t/d。厨余垃圾预处理制浆过程中添加 5% 的稻壳和菌种，黑水虻生长周期 7~8 d，生长周期结束后可以获得 2 t 虫沙和 5 t 鲜虫，进入公司下游的工厂进行进一步加工。处理 1 t 厨余垃圾耗电量约 60kW·h，除臭系统采用"生物处理+喷淋塔"（图 7.7）。

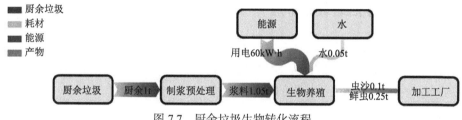

图 7.7 厨余垃圾生物转化流程

7.2 深圳市生活垃圾处理系统碳排放及污染负荷核算

7.2.1 碳排放核算模型构建

功能单元是生命周期清单进行对比的单位。研究对象是深圳市的生活垃圾处理系统，由于需要计算垃圾处理系统对整个城市的碳排放贡献率，因此功能单元设置为深圳市一年的碳排放总量。

研究范围涉及垃圾处理的全流程，包括分类投放、分类收集、分类运输、分类处理、末端处置等环节，涵盖厨余垃圾、可回收物、有害垃圾和其他垃圾四大类，具体细分为低值玻金塑纸、高值玻金塑纸、废旧电器、年花年桔、废旧织物、废旧电池、废旧灯管、家庭厨余垃圾、餐厨垃圾、果蔬垃圾、绿化垃圾、废旧家具和其他垃圾，如图 7.8 所示。年花年桔由于时效性强，不列入常规生活垃圾分类管理范围。

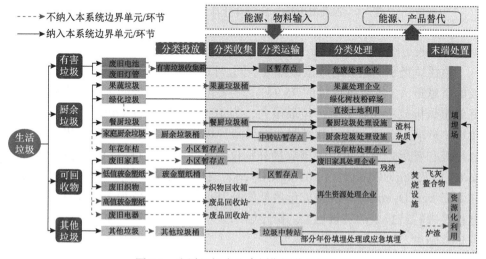

图 7.8 生活垃圾全生命周期评价系统边界

7.2.2 深圳市生活垃圾碳排放

随着生活垃圾处理量的增长，生活垃圾处理系统年碳排放量经过两次明显的上升，在 2019 年达到峰值，为 1467312 t CO_2 eq。单位碳排放量先升后降，2010 年达到 0.25 t CO_2 eq/t 生活垃圾的峰值（图 7.9）。

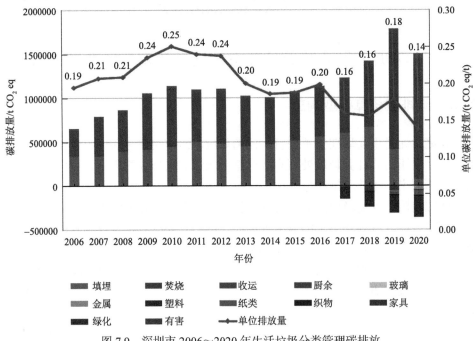

图 7.9 深圳市 2006～2020 年生活垃圾分类管理碳排放

（1）收运碳排放

生活垃圾不同组分的收运碳排放不同。以 2019 年为例（图 7.10），其他垃圾的贡献最大，占总排放量的 75.94%，主要由于其他垃圾的占比较大（86%）。就单位碳排放量而言，有害垃圾最大，为 1643.98 kg CO_2 eq/t。织物、可回收垃圾（玻璃、金属、塑料和纸张）、果蔬垃圾、废旧家具、绿化垃圾、家庭厨余垃圾和餐厨垃圾的单位碳排放量分别仅为 15.14 kg CO_2 eq/t、14.85 kg CO_2 eq/t、12.73 kg CO_2 eq/t、12.05 kg CO_2 eq/t、11.73 kg CO_2 eq/t、7.77 kg CO_2 eq/t 和 6.35 kg CO_2 eq/t。单位排放量最低的是其他垃圾，数值为 1.95 kg CO_2 eq/t，电耗是中转站排放的关键因素。历年结果显示，源头分类增加了收集和运输的碳排放强度。

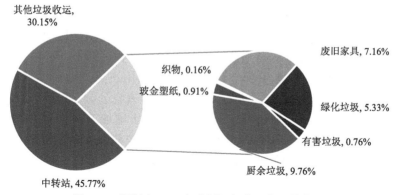

图 7.10　深圳市 2019 年生活垃圾收运各环节占比

（2）厨余垃圾碳排放

厨余垃圾分离和利用对碳减排贡献很大。2017 年，厨余垃圾处理的总碳排放量达到-5763 t CO_2 eq，单位碳排放量为-0.039 t CO_2 eq/t。厨余垃圾中只有餐厨垃圾被收集并进行集中处理，家庭厨余垃圾必须使用分散的机器进行处理，比例高达 68%。尽管分散处理有助于厨余垃圾的回收，但其能源和材料消耗强度高，造成了更多的碳排放。2018 年，由于集中式设施的扩大，56%的厨余垃圾由厌氧消化厂处理，17%的厨余垃圾由好氧堆肥处理。因此，总碳排放量和单位碳排放量分别为-59348 t CO_2 eq 和-0.197 t CO_2 eq/t。在 2019 年，厌氧消化和堆肥处理比例分别为 42%和 13%，相应的总碳排放量和单位碳排放量变成了-60587 t CO_2 eq 和-0.178 t CO_2 eq/t。然而，这两个值在 2020 年变成了-12406 t CO_2 eq 和-0.032 t CO_2 eq /t，因为收集的厨余垃圾数量几乎翻了一番，61%的厨余垃圾不得不再次使用分散式处理（图 7.11）。

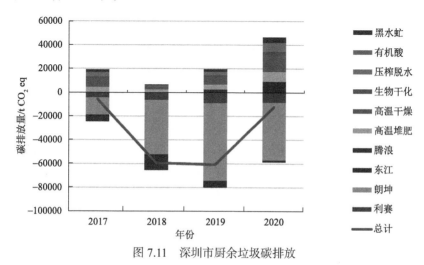

图 7.11　深圳市厨余垃圾碳排放

（3）可回收垃圾碳排放

随着回收率的提高，可回收物对碳减排的贡献率逐渐增加，如图 7.12 所示。每单位回收量的碳减排量从高到低依次是织物、金属、纸张、塑料、家具、玻璃和绿化垃圾。2017～2020 年，绿化垃圾的利用占可回收物负排放总量的 8.85%～18.63%，这与它的产量大有关。近年来，来自公园、景区、社区绿地和高速公路的绿化垃圾已经通过堆肥、栅栏和地膜土壤加工以及木材燃料等方式得到有效利用。如果考虑到商业回收行为，2020 年实际回收率达到 46%，生活垃圾管理的总碳排放量下降到–1852523 t CO_2 eq，单位碳排放量下降到–0.22 t CO_2 eq/t，深圳的生活垃圾系统从一个碳源变成了一个碳汇。可回收物对总碳排放的贡献从 19.46% 增加到 69.13%。在环卫管理部门和再生资源回收结合的回收系统中，前 3 名为纸张、金属和塑料，它们在可回收物中的质量比例分别为 51.24%、26.85% 和 10.53%。

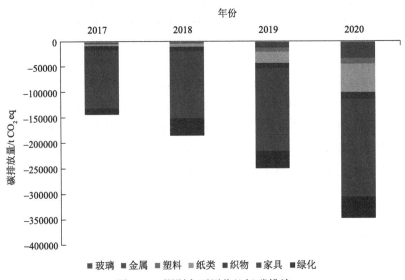

图 7.12　深圳市可回收垃圾碳排放

（4）有害垃圾碳排放

由于材料回收，有害垃圾处理也是碳减排的（图 7.13）。例如，电池可以通过回收获得钢、锌和玻璃渣，荧光灯可以通过回收获得稀土。生活垃圾中有害垃圾的比例每年波动不大，就产生量和碳排放量而言，废灯管比废电池的贡献率更大。然而，由于产量低，有害垃圾收集和运输的碳排放量远远大于回收利用的减排量。

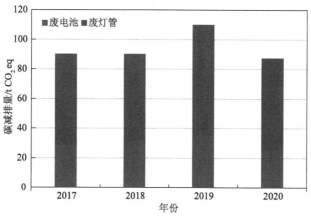

图 7.13　深圳市有害垃圾碳排放量

（5）其他垃圾碳排放

填埋场的碳排放主要取决于甲烷泄漏和填埋气回收的碳补偿。用于机械操作的柴油、高密度聚乙烯（HDPE）膜和渗滤液处理的排放有限（图 7.14）。在研究期间，单位碳排放量几乎保持不变，即 $0.15\sim0.17$ t CO_2 eq/t，这与北京、上海和天津的水平相似。由于 2018 年之前有更多的生活垃圾被填埋，因此碳排放总量持续增加。之后，碳排放总量从 2018 年的 665267 t CO_2 eq 降至 2020 年的 69482 t CO_2 eq。

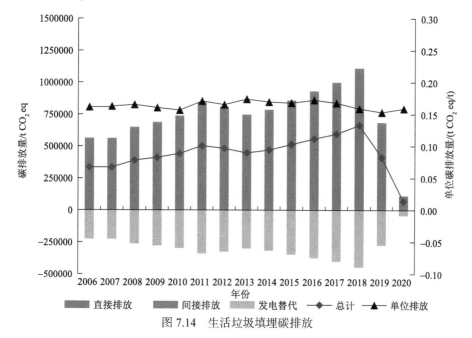

图 7.14　生活垃圾填埋碳排放

　　焚烧的碳排放主要取决于直接排放和发电替代。如图 7.15 所示，随着焚烧量的变化，净排放量从 2006 年的 300829 t CO₂ eq 增加至 2020 年的 1376713 t CO₂ eq，单位碳排放量从 2006 年的 0.23 t CO₂ eq/t 波动到 2020 年的 0.22 t CO₂ eq/t，这种波动主要与送去焚烧的生活垃圾中的塑料含量有关。最高的单位碳排放量出现在 2010 年，因为塑料的比例达到 21.72%，此时的单位碳排放量是研究期间的最高值。除了塑料含量之外，电力输出也是一个因素。近年来随着技术的进步，发电效率提高，且发电自用率减少。2013 年前的发电量约为 300 kW·h/t，2017 年后的发电量为 400 kW·h/t，2020 年的发电量为 536 kW·h/t。

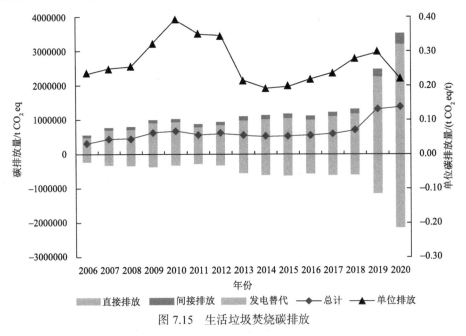

图 7.15　生活垃圾焚烧碳排放

7.2.3　深圳市污染负荷分析

（1）大气环境

　　基于箱模型法，根据各类污染物指标的实测值计算出不同环境中的污染负荷，表 7.1 是深圳市 2020 年的大气环境污染负荷。

表 7.1　2020 年深圳市大气环境污染负荷

污染物	实测值/（μg/m³）	环境容量/t	污染负荷/t	污染负荷率/%
SO₂	6	26780.36	8.03	0.030

续表

污染物	实测值/（μg/m³）	环境容量/t	污染负荷/t	污染负荷率/%
NO$_x$	23	53560.72	30.78	0.057
CO	600	5356072.35	802.98	0.015
O$_3$	126	133901.81	168.63	0.126
PM$_{10}$	35	53560.72	46.84	0.087
PM$_{2.5}$	19	20085.27	25.43	0.127
PCDD/Fs	2.65×10⁻⁶	0.000803	0.00355	442

（2）水环境

参考《中国能源统计年鉴》、《中国统计年鉴》、《广东统计年鉴》和《深圳市第二次全国污染源普查结果》获取深圳市废水中的污染物排放量（表7.2）。与大气环境不同的是，深圳市生产废水中大部分污染物的排放量在分类后均有增加，这是因为随着生产力的提高，深圳市的生产废水总量也相应增加，这导致排放到水环境中的污染物总量也有所增加。

表7.2　深圳市废水中的污染物排放量

年份	TN/万 t	TP/万 t	COD/万 t	NH$_3$-N/万 t	Cr/kg	Hg/kg	As/kg	Cd/kg	Pb/kg
2017（分类前）	1.629	0.0690	3.400	0.638	85.27	2.23	16.25	19.03	181.05
2020（分类后）	2.6484	0.2821	14.68	0.874	212.05	5.55	40.41	47.32	450.22

（3）土壤环境

利用生活垃圾分类前后深圳市土壤重金属污染水平计算土壤环境污染负荷。取土壤耕作层0～20 cm的土壤，2015年深圳市农用地占城市总面积的53%，2020年深圳市农用地占城市总面积的45%，深圳市的总面积为19.97万 hm²，根据上述数据，并结合深圳市2017年和2021年土壤环境中的重金属背景值以及土壤重金属污染水平，计算得到深圳市土壤环境中的重金属污染负荷情况，如表7.3所示。垃圾分类后，对于深圳市而言一个非常明显的变化便是被填埋处理的生活和工业垃圾量有了明显的降低，而这是对土壤环境造成污染负荷的一个关键环节。

表7.3　深圳市土壤环境重金属污染负荷　　　　（单位：t）

年份	Cr	Cu	Zn	Ni	Pb	Cd	Hg
2017（分类前）	22230	40254	116398	9373	45940	325	49
2020（分类后）	12804	7851	23879	4243	25407	23	42

7.2.4　生活垃圾处理体系对城市的环境负荷

经过相关文献调研与实验分析，结合生活垃圾处理系统的污染物排放清单、污染物分配情况和系统物质流的变化，得到深圳市生活垃圾处理系统在大气、水体和土壤环境中的污染物排放情况。通过加和得到深圳市生活垃圾处理系统在生活垃圾分类前后的系统污染物排放总量，系统大气污染物排放对比见图 7.16。分类后二噁英（PCDD/Fs）、CO 和 NO_x 等污染物的系统排放量有较明显的下降，分别降低了约 78.1%、83.7% 和 22.1%。SO_2 和颗粒物的排放量较分类前有所增加，这与分类后焚烧环节垃圾处理量的增加具有非常重要的关系。

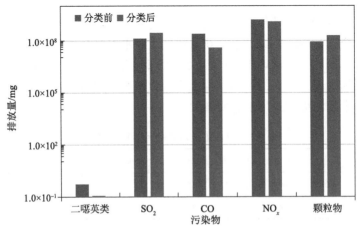

图 7.16　深圳市生活垃圾分类前后系统大气污染物排放对比

对系统各环节的污染物排放量进行加和，得到深圳市生活垃圾处理系统在生活垃圾分类前后系统水体污染物排放对比结果（图 7.17）。通过对比深圳市生活垃圾分类前后生活垃圾处理系统的污染物排放量可知，对于像 COD、NH_3-N、TN、TP 这样的常规污染物，系统 COD 和 NH_3-N 的排放量在分类前后相差不大，TP 由 0.16 t 增至 0.46 t，增长了约 1.9 倍，TN 由 1.88 t 增长至 10.5 t，增长了约 4.6 倍；由 7.2.3 节可知，对 TN 贡献较大的环节是厌氧消化和焚烧，厨余垃圾分出后导致参与厌氧消化的厨余垃圾总量也随之增加，从而提高了 TN 的含量；对于其他污染物而言，变化较为明显的是 Hg、As、Cd、Pb，其中 Hg 由 398 g 降至 91.3 g，降低了约 77.1%，As 由 525 g 降至 22 g，减少了约 95.8% 的排放量，Cd 由 109 g 减少到 4.68 g，减少了约 95.7%，分类后 Hg、As、Cd 的排放量均有大幅度降低，这与分类后源头垃圾中电子产品和有害垃圾的占比降低有关。而分类后 Pb 的系统排放量则有所增加，由 711 g 增加至 3840 g，增加了约 4.4 倍，Pb 的提高主要与焚烧环节有关。随着城市发展，城市的生活垃圾产生量在逐年增加，2017 年和 2020

年深圳市的生活垃圾清运量分别为 603.99 万 t 和 715.56 万 t，为了排除部分生活垃圾处理量对系统污染物排放量的影响，图 7.22 对处理单位生活垃圾系统的污染物排放量进行了对比分析。

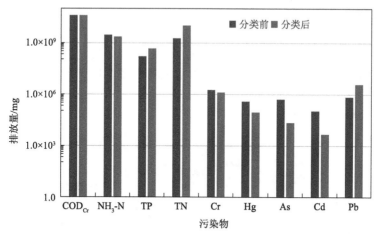

图 7.17　深圳市生活垃圾分类前后系统水体污染物排放对比

　　针对土壤环境，图 7.18 分析了深圳市生活垃圾处理系统在垃圾分类前后土壤污染物的系统排放总量，由图 7.18 可知，研究的所有重金属污染物在分类后其系统排放量均有降低，其中降幅最大的是 Cd、Ni 和 Pb，分别下降了 91.6%、90.4% 和 82.6%。实行生活垃圾分类后，生活垃圾处理系统对城市土壤环境的污染负荷有了明显的改善。

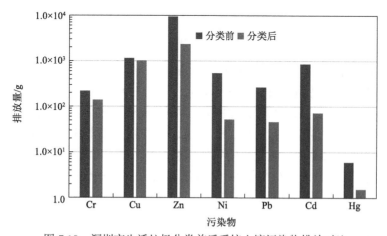

图 7.18　深圳市生活垃圾分类前后系统土壤污染物排放对比

7.3 深圳市 PCDD/Fs 分布与质量平衡分析

7.3.1 生活垃圾焚烧过程研究方法

为研究垃圾焚烧厂的 PCDD/Fs 质量平衡和焚烧分类垃圾对重金属烟气浓度与分配规律的影响，在典型点位布点采样，具体见图 7.19。

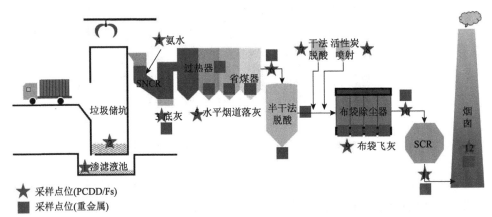

图 7.19 采样点位设计

尝试采用 3 种方法来计算 PCDD/Fs 质量平衡，方法 I 如下：

$$E_{\text{I}} = \frac{(D_{\text{BA}} \cdot Y_{\text{BA}} + D_{\text{FA}} \cdot Y_{\text{FA}} + D_{\text{FG}} \cdot F_{\text{FG}} \cdot T - D_{\text{RMSW}} \cdot I_{\text{RMSW}})}{I_{\text{RMSW}}} \quad (7\text{-}1)$$

式中，E_{I} 为采用方法 I 计算得出的 PCDD/Fs 质量平衡，μg I-TEQ/t MSW；D_{BA} 和 D_{FA} 分别为底灰和飞灰中的 PCDD/Fs 含量，μg I-TEQ/t；Y_{BA} 和 Y_{FA} 分别为底灰和飞灰的年产生量，t；D_{FG} 为烟气 PCDD/Fs 浓度，ng I-TEQ/Nm³；F_{FG} 为烟气流量，Nm³/h；T 为焚烧炉的年运行时间，h；D_{RMSW} 为原生垃圾中的 PCDD/Fs 含量，μg I-TEQ/t MSW；I_{RMSW} 为原生垃圾的年处理量，t。

由于生活垃圾并未实行严格的"分离"，基于目前中国的生活垃圾焚烧处理工艺，参考相关研究，将方法 I 细化为

$$E_{\text{II}} = \frac{(D_{\text{L}} \cdot Y_{\text{L}} + D_{\text{BA}} \cdot Y_{\text{BA}} + D_{\text{FA}} \cdot Y_{\text{FA}} + D_{\text{FG}} \cdot F_{\text{FG}} \cdot T - D_{\text{RMSW}} \cdot I_{\text{RMSW}} - D_{\text{AA}} \cdot C_{\text{AA}} - D_{\text{SL}} \cdot C_{\text{SL}} - D_{\text{AC}} \cdot C_{\text{AC}})}{I_{\text{RMSW}}} \quad (7\text{-}2)$$

式中，E_{II} 为采用方法 II 计算得出的 PCDD/Fs 质量平衡，μg I-TEQ/t MSW；D_{L} 为

渗滤液中的 PCDD/Fs 浓度，ng I-TEQ/t；Y_L 为渗滤液的年产生量，t；D_{SL} 为干法和半干法脱酸采用的熟石灰中的 PCDD/Fs 浓度，μg I-TEQ/t；C_{SL} 为熟石灰的年消耗量，t；D_{AC} 为活性炭中的 PCDD/Fs 含量，ng I-TEQ/t；C_{AC} 为活性炭的年消耗量，t；D_{AA} 为用于 SNCR 使用的氨水中的 PCDD/Fs 含量，pg I-TEQ/L；C_{AA} 为 SNCR 使用的氨水的年消耗量，L。

方法Ⅰ和方法Ⅱ均是从整个生活垃圾焚烧和烟气净化系统来讲的，由于烟气净化系统内部可能存在由于布袋老化或者 SCR 内催化剂部分失活而存在的"记忆效应"，因此项目针对焚烧炉和余热锅炉系统重新定义了 PCDD/Fs 的质量平衡测算方法（方法Ⅲ），具体测算公式如下：

$$E_{\mathrm{III}} = \left. \begin{array}{c} (D_{BA} \cdot Y_{BA} + D_{RG} \cdot F_{RG} \cdot T + D_{RA} \cdot Y_{RA} - \\ D_{RMSW} \cdot I_{RMSW} - D_{AA} \cdot C_{AA}) \end{array} \right/ I_{RMSW} \qquad (7\text{-}3)$$

式中，E_{III} 为采用方法Ⅲ计算得出的 PCDD/Fs 质量平衡，μg I-TEQ/t MSW；D_{RG} 为原生烟气中的 PCDD/Fs 毒性当量浓度，ng I-TEQ/Nm³；F_{RG} 为余热锅炉出口处的烟气流量，Nm³/h；D_{RA} 为水平烟道落灰中的 PCDD/Fs TEQs，μg I-TEQ/t；Y_{RA} 为水平烟道落灰的年产生量，t。

7.3.2　生活垃圾焚烧过程 PCDD/Fs 的分布与质量平衡分析

（1）原生垃圾和入炉垃圾

该厂原生垃圾和入炉垃圾中 PCDD/Fs 毒性当量浓度分别为 0.95 ng I-TEQ/kg MSW 和 0.36 ng I-TEQ/kg MSW（湿重），干基分别为 1.22 ng I-TEQ/kg MSW 和 0.91 ng I-TEQ/kg MSW。从图 7.20（a）和（b）可知，OCDF 和 OCDD 的质量浓度占比较高，两者在原生垃圾中 PCDD/Fs 质量浓度占比分别为 10.3% 和 69.2%，在入炉垃圾中占比分别为 3.6% 和 81.1%。PCDD/Fs 毒性当量浓度贡献率最大的同系物为 2,3,4,7,8-PeCDF，占比约为 16.8%，其次为 1,2,3,4,6,7,8-HpCDD、2,3,7,8-TCDF 和 1,2,3,7,8-PeCDD。上述 4 种同系物对原生垃圾毒性当量浓度的贡献率约为 50.1%。入炉垃圾中 2,3,7,8-TCDD 的毒性当量浓度贡献最高，占比达 19.0%，然后依次为 1,2,3,4,6,7,8-HpCDD、2,3,7,8-TCDF 和 1,2,3,7,8-PeCDD。上述 4 种同系物的毒性当量浓度贡献率占比之和为 50.4%。结果表明低氯代同系物（TeCDD/Fs 和 PeCDD/Fs）的贡献率低于高氯代同系物（HxCDD/Fs、HpCDD/Fs 和 OCDD/Fs）。这表明垃圾储坑中 PCDD/Fs 的发酵过程（微生物和重力挤压作用）可能在一定程度上降低了 PCDD/Fs 的浓度，改变了 PCDD/Fs 的同系物特征。

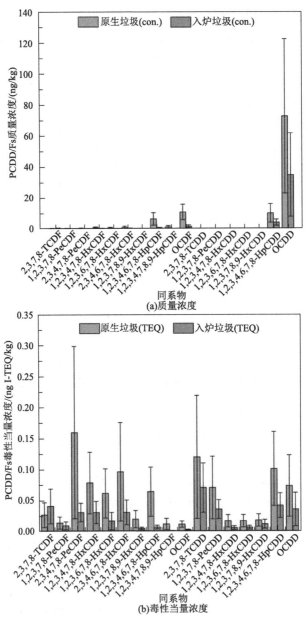

图 7.20　原生垃圾和入炉垃圾中的 PCDD/Fs 质量浓度与毒性当量浓度

（2）氨水、熟石灰和活性炭

　　氨水中的 PCDD/Fs 毒性当量浓度约为 37.52 pg I-TEQ/L。PCDFs 的主要同系物为 1,2,3,4,6,7,8-HpCDF 和 OCDF，其质量浓度贡献率之和为 58.3%。PCDDs 的质量浓度占比（60.6%）高于 PCDFs，1,2,3,4,6,7,8-HpCDD 和 OCDD 占 PCDDs 质量浓度

的91.6%。此外,熟石灰和活性炭中的 PCDD/Fs 毒性当量浓度分别为 0.12 ng I-TEQ/kg 和 0.54 ng I-TEQ/kg。两种输入端样品的质量浓度和毒性当量浓度分布特征基本相同,具体见图 7.21。

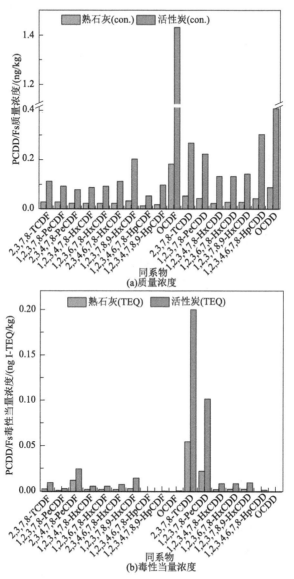

图 7.21   熟石灰和活性炭中的 PCDD/Fs 质量浓度与毒性当量浓度

（3）渗滤液

该厂渗滤液 PCDD/Fs 的质量浓度和毒性当量浓度分别为 946.4 pg/L 和 37.52 pg I-TEQ/L（图 7.22）,显著高于堆肥和填埋渗滤液的报道值。最新研究表明,深圳市的原水和自来水 PCDD/Fs 浓度分别为 32.93 pg/L（0.057 pg I-TEQ/L）和 0.64 pg/L（0.021 pg I-TEQ/L）。PCDD/Fs 质量浓度贡献较大的同系物为 1,2,3,4,6,7,8-HpCDD 和 OCDD，这一特征明显与生活垃圾不同。PCDFs 和 PCDDs 对质量浓度的贡献率分别为 33.9% 和 66.1%；但 PCDFs 的毒性当量浓度贡献率（71.8%）远高于 PCDDs（28.2%），表明该渗滤液具有高氯代 PCDDs 同系物的特征。

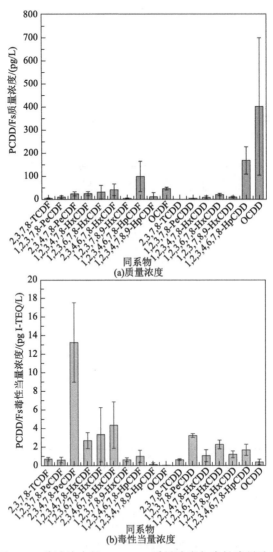

图 7.22　渗滤液中的 PCDD/Fs 质量浓度与毒性当量浓度

（4）灰渣

底灰中的 PCDD/Fs TEQs 为（2.05±0.23）ng/kg，其典型的同系物为

2,3,4,7,8-PeCDF、2,3,4,6,7,8-HxCDF、2,3,7,8-TCDD、1,2,3,4,7,8-HxCDF 和 1,2,3,6,7,8-HxCDF，上述 5 种同系物的 TEQs 占比为 71.0%。飞灰 PCDD/Fs TEQs 为 64.78 ng/kg（图 7.23），根据该条生产线的日常监测，飞灰 PCDD/Fs TEQs 范围为 30～500 ng/kg。该厂的底灰和飞灰 PCDD/Fs TEQs 低于已往的研究。上述研究结果表明正常工况下炉排炉内生活垃圾焚烧较为彻底，这也意味着经过"半干法+干法+活性炭喷射+布袋除尘"后的飞灰和烟气 PCDD/Fs TEQs 可能比较低。

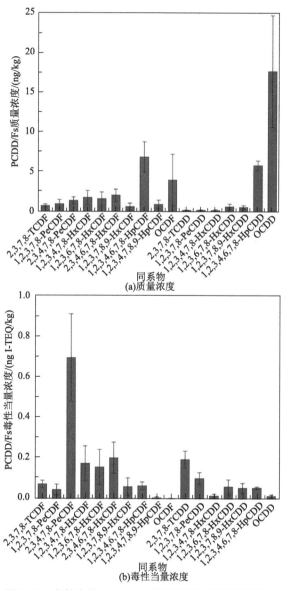

图 7.23　底灰中的 PCDD/Fs 质量浓度与毒性当量浓度

水平烟道落灰中的 PCDD/Fs 质量浓度和毒性当量浓度分别为 956.83 ng/kg 和 50.81 ng I-TEQ/kg（图 7.24），这也是首次报道水平烟道落灰中的 PCDD/Fs 浓度。通常地，水平烟道落灰通过水平烟道输灰机与底灰混合后协同处理。水平烟道落灰同底灰中 PCDD/Fs 同系物的分布特征相似。飞灰中 OCDD 对 PCDD/Fs 的质量浓度的贡献率接近 50%，而在水平烟道落灰中则为 26.9%，在底灰中为 38.0%。PCDFs 毒性当量浓度的贡献率高于 PCDDs，其关键同系物为 2,3,4,7,8-PeCDF。水平烟道落

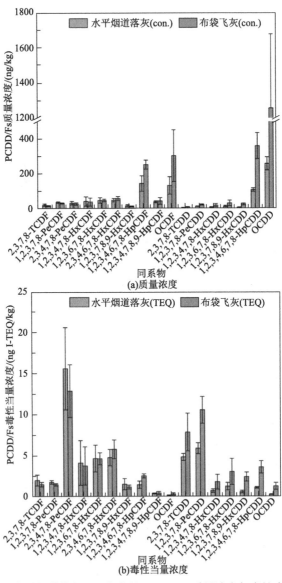

图 7.24　水平烟道落灰和飞灰中的 PCDD/Fs 质量浓度与毒性当量浓度

灰中的低氯代 PCDFs 同系物（2,3,7,8-TCDF、1,2,3,7,8-PeCDF 和 2,3,4,7,8-PeCDF）的质量浓度高于布袋飞灰；而高氯代 PCDFs 同系物（2,3,4,6,7,8-HxCDF、1,2,3,7,8,9-HxCDF、1,2,3,4,6,7,8-HpCDF、1,2,3,4,7,8,9- HpCDF 和 OCDF）的趋势却相反。

（5）尾气

烟气经过净化系统之后 PCDD/Fs 的质量浓度和毒性当量浓度分别降至 0.0628 ng/Nm^3（2.81×10^{-3} ng I-TEQ/Nm^3），远低于我国近年来的相关研究结果。事实上，在采样期间尾气中的 PCDD/Fs 持续低于 4.0×10^{-3}（2.5×10^{-3}～3.4×10^{-3}）ng I-TEQ/Nm^3。尾气中 PCDD/Fs 浓度较低的主要原因可能是"3T+E"导致较低的原生烟气中的 PCDD/Fs 浓度以及烟气净化系统的稳定运行。

（6）质量平衡

PCDD/Fs 质量平衡研究能真正反映焚烧系统对人为源 PCDD/Fs 排放总量的贡献。在综合考虑工艺流程和样品属性的基础上，重新定义了质量平衡计算方法，并将所得数据与常规方法进行比较，PCDD/Fs 质量平衡结果如图 7.25 所示。

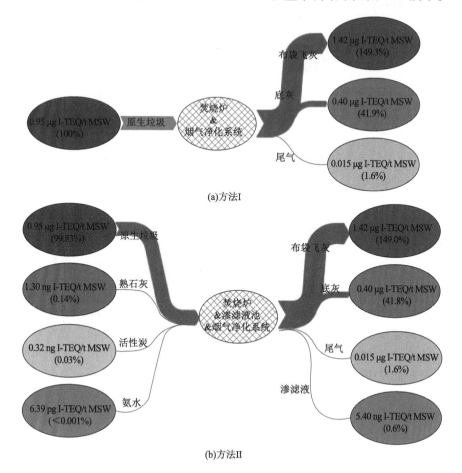

(a)方法I

(b)方法II

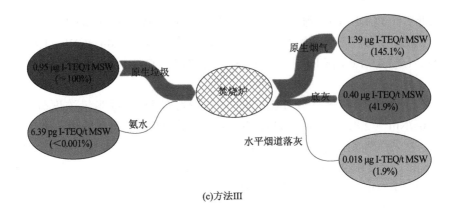

(c)方法III

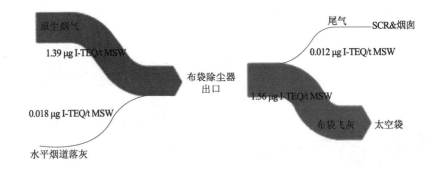

(d)烟气净化系统内部的PCDD/Fs质量平衡

图 7.25　PCDD/Fs 质量平衡图

7.3.3 厨余垃圾厌氧消化过程二噁英与重金属变化

　　以深圳市利赛环保科技有限公司的厨余垃圾厌氧消化生产线为研究对象，其工艺流程如图 7.26 所示。PCDD/Fs 样品分 2020 年 1 月和 2021 年 1 月两次采集，重金属样品于 2020 年 10 月和 2021 年 6 月共 2 次采集。PCDD/Fs 样品采集后用保温箱冷藏运输至中国科学院大连化学物理研究所 PCDD/Fs 实验室进行分析；重金属（Cu、Zn、Mn、Ni、Pb、Cr、Cd、Hg 和 As）样品在清华大学深圳国际研究生院分析测试中心完成。

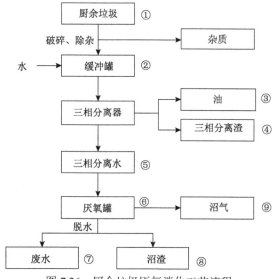

图 7.26 厨余垃圾厌氧消化工艺流程

7.3.4 厨余垃圾厌氧消化过程中的 PCDD/Fs 浓度和同系物特征

（1）原始浆料

原始浆料的 PCDD/Fs 同系物特征由厨余垃圾和酸化浆料共同决定。原始浆料中不同氯代水平 PCDD/Fs 同系物的占比如图 7.27 所示。

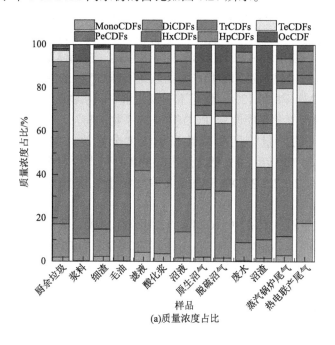

(a)质量浓度占比

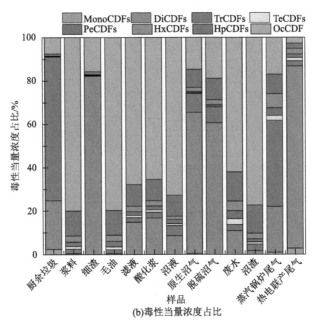

图 7.27　输入/输出和中间产物中不同氯代水平 PCDD/Fs 同系物占比

三相分离的细渣、毛油和滤液中的∑PCDFs 和∑PCDDs 分别为 513.68 pg/g 和 504.56 pg/g、4.47 pg/g 和 3.18 pg/g，以及 158.24 pg/g 和 134.92 pg/g。原始浆料、细渣、毛油和滤液中的 2,3,7,8-PCDD/Fs 质量浓度（毒性当量浓度）分别为（7.91±1.03）pg/g[（0.104±0.02）pg I-TEQ/g]、（96.13±70.63）pg/g[（1.34±0.85）pg I-TEQ/g]、（3.27±1.48）pg/g[（0.05±0.02）pg I-TEQ/g]和（109.15±3.65）pg/g [（1.04±0.16）pg I-TEQ/g]。这一结果表明 PCDD/Fs 倾向于"黏附"在固体基质。

三相分离滤液经过水解和酸化产生的酸化浆料中∑PCDFs 和∑PCDDs 的含量分别下降了 72.24%和 70.12%，但是不同氯代水平同系物的占比变化不明显。这表明酸化过程的厌氧菌不能改变 PCDD/Fs 同系物的特征。相应地，酸化浆料中 2,3,7,8-PCDD/Fs 的质量浓度和毒性当量浓度分别为（31.75±3.46）pg/g 和（0.316±0.05）pg I-TEQ/g。虽然酸化浆料的 PCDD/Fs 同系物特征较三相分离滤液变化不明显，但是 2,3,7,8-PCDD/Fs 的质量浓度和毒性当量浓度均较三相分离滤液降低了约 300%。

相比于酸化浆料，沼液中 TrCDFs 的占比变化不大，但是 DiCDFs 和 TeCDFs 却分别降低和升高了 20.4%和 16.1%。对于∑PCDDs，DiCDDs 和 OcCDD 的占比却出现了相反的趋势，前者降低了约 8.1%，后者升高了约 7.4%，其余同系物占比变化不明显。上述现象表明厌氧消化过程某些低氯代同系物可能存在脱氯或氯化作用，但某些高氯代同系物的氯化作用却十分明显。

（2）输出样品

该厂废水的去向主要包括污水处理厂和中水回用；沼渣为焚烧处理，不过也有沼渣用于堆肥的案例。因此，对于废水和沼渣，无论是回用，还是采用其他方式处理，若有害物质含量过高，则可能会增加下级处理工艺或者生态环境的负担。废水的 $\sum PCDFs$ 和 $\sum PCDDs$ 分别为 1.77 pg/g 和 0.86 pg/g。沼渣中的 $\sum PCDFs$ 和 $\sum PCDDs$ 分别为 202.43 pg/g 和 254.55 pg/g。废水和沼渣的 $\sum PCDFs$ 同系物特征并未与沼液中的同系物特征存在明显差异（图 7.27）。因此，固液分离过程，絮凝剂等药剂的加入并未明显改变 PCDD/Fs 同系物的特征。废水和沼渣中的 2,3,7,8-PCDD/Fs 质量浓度（毒性当量浓度）分别为（0.80±0.53）pg/g[（0.0243±0.0078）pg I-TEQ/g]和（278.07±31.54）pg/g[（2.48±0.33）pg I-TEQ/g]。该厌氧消化厂的废水 PCDD/Fs 浓度明显低于污水处理厂（含水量以 80% 计），这表明将该厂的废水输送至污水处理厂后并不会增加污水处理厂脱除 PCDD/Fs 的负担。

该厂沼渣 PCDD/Fs 毒性当量浓度范围为 6.20～8.27 pg I-TEQ/g 干基，其高于家庭有机垃圾（OHW）中的 PCDD/Fs 毒性当量浓度（2.22 pg I-TEQ/g 干基）。由于一些研究指出堆肥过程会导致 PCDD/Fs 毒性当量浓度的增加，所以该厂的沼渣堆肥产物中的 PCDD/Fs 毒性当量浓度可能会高于 OHW 的堆肥产物(>9.6 pg I-TEQ/g 干基)。若以该厂的沼渣进行堆肥，其堆肥产品中 PCDD/Fs 的潜在环境问题需重点评估。

（3）沼气和尾气

脱硫前后沼气中的 $\sum PCDD/Fs$ 质量浓度分别为（0.82±0.10）ng/m^3 和（0.80±0.12）ng/m^3。脱硫前后沼气中不同氯代水平同系物对 $\sum PCDD/Fs$ 的贡献率变化均不大，这表明该厂使用的铁基脱硫剂对沼气中 PCDD/Fs 同系物特征的影响不大。2,3,7,8-PCDD/Fs 的质量浓度（毒性当量浓度）分别为（0.18±0.084）ng/Nm^3[（0.0033±0.0018）ng I-TEQ/Nm^3]和（0.21±0.034）ng/Nm^3[（0.0023±0.0003）ng I-TEQ/Nm^3]。与此同时，17 种 2,3,7,8-PCDD/Fs 的同系物特征相关研究的结果基本一致。该厂沼气 PCDD/Fs 浓度明显低于垃圾填埋场的沼气 PCDD/Fs 浓度（5～117 pg TEQ/Nm^3），这可能主要是厨余垃圾中二噁英的含量低于生活垃圾所致。

沼气中含有含氯烃类化合物，所以沼气燃烧过程会排放 PCDD/Fs。与生活垃圾焚烧厂、生物质发电厂和燃煤电厂不同，目前我国厨余垃圾厌氧消化厂的沼气利用后的尾气基本都是直接排放的，不存在尾气的净化过程。该厂蒸汽锅炉和热电联产尾气中的 PCDD/Fs 质量浓度（毒性当量浓度）分别为 0.24 ng/Nm^3（0.0061 ng I-TEQ/Nm^3）和 0.033 ng/Nm^3（0.0016 ng I-TEQ/Nm^3），PCDD/Fs 毒性当量浓度的具体范围分别为 0.001～0.022 ng I-TEQ/Nm^3 和 0.0011～0.0021 ng I-TEQ/Nm^3。目前我国尚未针对厌氧消化厂制定相应的 PCDD/Fs 排放标准，但该厂蒸汽锅炉尾气的 PCDD/Fs TEQs 上限与深圳市地方标准（SZDB/Z 233—2017）中的 PCDD/Fs 排放限值（0.05 ng I-TEQ/Nm^3）处于同一数量级。

（4）二噁英质量平衡

基于厌氧消化过程的物料平衡和样品二噁英浓度测算出的 PCDD/Fs 质量平衡见图 7.28。总体来看，厨余垃圾厌氧消化过程存在 2.48 μg I-TEQ/t 厨余垃圾的负平衡，这表明厌氧消化过程减少了向环境释放 PCDD/Fs。具体来看，绝大部分 PCDD/Fs 都流向了沼渣。因此，无论是使用沼渣堆肥还是后续的农用，都应重点关注 PCDD/Fs 可能引起的生态环境风险，以及食物链的富集放大作用所导致的潜在人体健康风险。

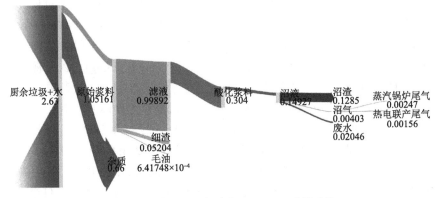

图 7.28　厨余垃圾厌氧消化 PCDD/Fs 质量平衡
单位：μg I-TEQ/t 厨余垃圾

7.3.5　厨余垃圾厌氧消化过程中重金属含量及特征

厨余垃圾重金属含量特征见图 7.29，其含量顺序为 Zn>Mn>Cr>Cu>Ni>Pb>As>Hg>Cd。

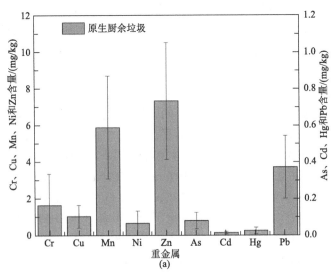

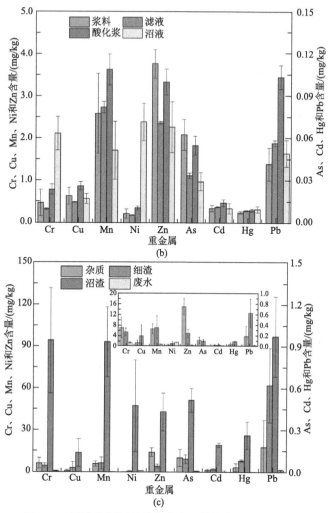

图 7.29　厨余垃圾厌氧消化全流程样品中的重金属含量

9 种重金属的相关关系如图 7.30 所示。厨余垃圾中 Zn-As 和 Cd-Pb 在 $P<0.01$ 水平上的相关系数分别为 0.846 和 0.836，呈显著正相关；Zn-Hg 在 $P<0.01$ 水平上的相关系数为 -0.855，呈显著负相关。因此，相关性分析表明 Zn 和 As 及 Cd 和 Pb 存在较大的同源性。统计分析进一步表明 Zn 和 As 及 Cd 和 Pb 在第一次迭代时便聚为一类。主成分分析表明 Mn、Zn、As、Cr 和 Ni 在第一成分（Ⅰ类）中的载荷较高，Cu、Cd 和 Pb 在第二成分（Ⅱ类）中的载荷较高，Hg 可能有单独的来源（Ⅲ类）。

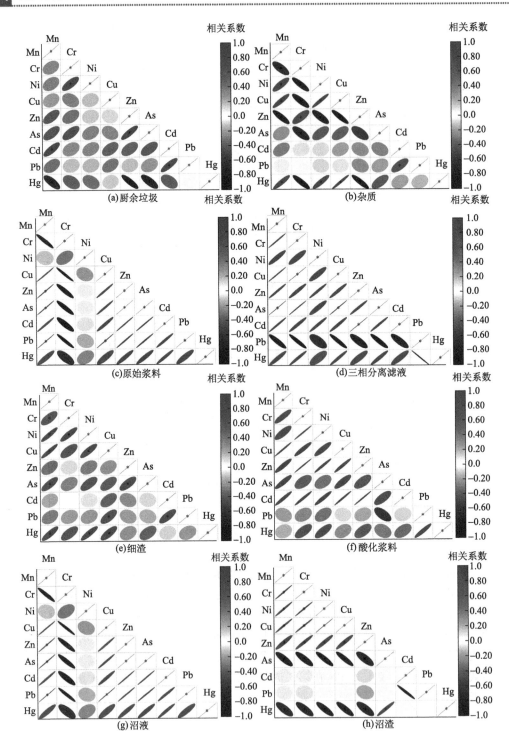

(a)厨余垃圾

(b)杂质

(c)原始浆料

(d)三相分离滤液

(e)细渣

(f)酸化浆料

(g)沼液

(h)沼渣

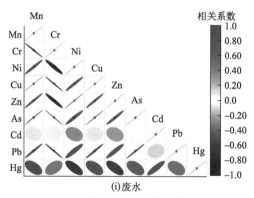

(i)废水

图 7.30　样品中重金属相关性分析

对比了重金属在中间产物（原始浆料、三相分离滤液、酸化浆料和沼液）中的含量。相比于其他元素，沼液中的 Cr 和 Ni 明显高于其他 3 类样品。不考虑采样和分析误差，只有酸化浆料中的 Pb 和 Mn 明显升高。

统计分析表明原始浆料、滤液和酸化浆料中的 As、Hg 和 Pb 存在差异，但上述 3 种物质中含量相对较高的 Cr、Cu、Mn、Ni 和 Zn 均可划分为一类，这表明水解酸化之前的流程对重金属分异的影响不显著。沼液中的重金属可划分为 3 类：①Cr；②Ni；③Mn、Cu、Zn、As、Cd、Pb 和 Hg。这正好与前述沼液中的 Cr 和 Ni 含量增加的现象相符。

从厨余垃圾厌氧消化全流程来看，典型的输出物质包括杂质、细渣、沼渣和废水，其重金属的含量特征具体见图 7.31。杂质中重金属含量关系为 Zn>Cr>Mn>Cu>Ni>Pb>As>Hg>Cd，细渣中重金属含量关系为 Cr>Mn>Zn>Cu>Ni>Pb>As>Hg>Cd。细渣尤其是杂质中的重金属成分与厨余垃圾密切相关。因此，杂质和细渣中 Cu、Ni、As、Cd、Hg 和 Pb 含量与厨余垃圾保持了较好的一致性。Cr、Mn 和 Zn 相对于其余 6 种元素可能更易受杂质种类及其中重金属含量的影响。沼渣中的重金属含量关系为 Cr≈Mn>Ni>Zn>Cu>Pb>As>Hg>Cd，而废水中的重金属含量关系为 Ni≈Cr>Mn>Zn>Cu>Pb>As>Hg>Cd。沼渣中所有的重金属含量均明显高于其余样品中的重金属含量。

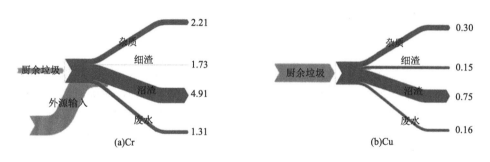

(a)Cr　　　　　　　　　　　　　　(b)Cu

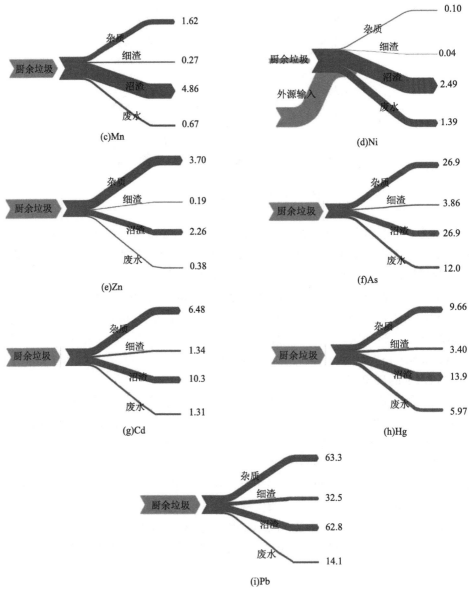

图 7.31 厨余垃圾厌氧消化过程重金属质量平衡

Cr、Cu、Mn、Ni 和 Zn 的单位为 mg/kg 厨余垃圾；As、Cd、Hg 和 Pb 的单位为 μg/kg 厨余垃圾

以厨余垃圾作为输入对象，以杂质、细渣、沼渣和废水为输出对象。基于输入、输出样品中的重金属含量和物料平衡，定量核算了厨余垃圾厌氧消化过程的重金属质量平衡。总体来看，除了 Cr（472.3%）和 Ni（549.3%），其余重金属元素的质量平衡介于 82.2%～126.1%。具体来看，Cr、Cu、Mn、Ni、Cd 和 Hg

主要随沼渣排出，其分别约占总输入量的 292.2%、70.4%、82.2%、360.8%、66.0% 和 49.6%。Zn 排出厂外的主要载体为杂质，而通过杂质和沼渣向厂外输出的 As（32.7% 和 32.6%）和 Hg（37.2% 和 36.9%）则较为接近。Cr 和 Ni 在所有输出物质中的含量之和明显高于厨余垃圾输入的量。

7.4　深圳市生活垃圾处理处置综合绩效评估指标体系构建

7.4.1　综合绩效评估指标体系建立

对环境技术的综合评估主要考察包括环境影响、经济成本、社会效益、技术特性在内的几方面指标。本书综合环境绩效评估体系，尝试从处理目的与流程影响两方面去选取绩效评估指标。从处理目的来说，固体废物处理的目的是减量化、无害化、资源化。在城市生活垃圾产生量逐年增长的大背景下，垃圾分类为生活垃圾处理处置带来的是更精细化的前端输入以及更有针对性的后端处理处置方式。在源头减量的同时，处理处置的最直观效果就是减量化率，因此评估综合绩效的第一个指标选为减量化率。无害化是指将生活垃圾内的生物性或者化学性的有害物质进行安全化处理，这点主要针对的是生活垃圾中的厨余垃圾和危险废物，评估综合绩效的第二个指标选为稳定化率，表征生活垃圾处理处置的无害化程度。对于生活垃圾来说，可回收物的回收利用是源头减量的重要一环，其次厨余垃圾中含有的氮、磷等营养元素以及大量有机质都是值得回收利用的资源，营养元素可以通过堆肥等手段回归田地，而厨余垃圾厌氧消化产生的沼气或是其他垃圾焚烧发电回收的热值也是重要的能源回收手段，因此选取物质回收量和能源回收量分别作为评估综合绩效的第三个和第四个指标。从流程影响来说，生活垃圾处理处置过程中通过各个流程的污染物排放与资源消耗，会对周围环境与人体健康造成一定的环境影响。由于全球变暖是一个全人类共同关注的气候问题，同时我国正将碳达峰碳中和作为国家战略，因此本体系将温室气体排放量作为单独的指标进行核算，而将生态毒性、人体毒性、臭氧破坏、电磁辐射、酸化等其他环境影响合并为一个综合环境影响的指标加以考虑。指标选取如图 7.32 所示。

减量化率、稳定化率、物质回收量、能源回收量、温室气体排放量与其他环境影响这 6 个指标全面地表征了处理生活垃圾的技术路线所产生的社会影响和环境绩效，是除了运行成本以外的隐性成本。为了对各指标进行横向比较，应用货币化模型将指标进行等价换算。

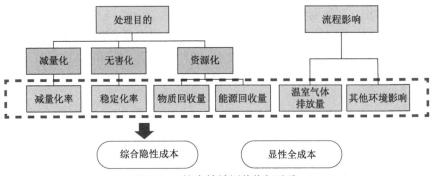

图 7.32　综合绩效评价指标选取

　　根据前述货币化方法的分类，将这 6 个指标分别应用市场价格、社会支付意愿和恢复/避免成本进行货币化赋值（图 7.33）。物质回收量指标的货币化可以直观地将产品换算成等价货币，能源回收量指标的货币化可以将能源等效成电力，并以电费计算。温室气体排放量和其他环境影响都将参考国际标准（IWG，美国跨部门特别工作小组）与国内标准，换算为社会成本。减量化率和稳定化率是两个较难描述价值的指标，利用一种直观技术的成本将其归一化。减量化率将换算为未减量部分如需进行填埋所产生的土地成本和处置成本，稳定化率将换算为未得到稳定化的部分如需通过焚烧等手段达到稳定所产生的环境影响成本、土地成本和处置成本。

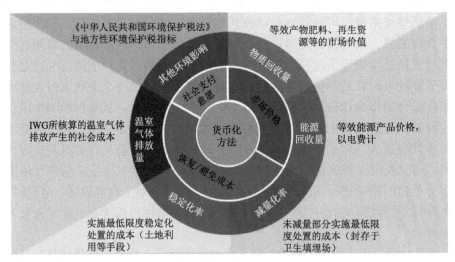

图 7.33　指标体系货币化方法

7.4.2　深圳市垃圾分类前后处理系统综合评估

　　根据深圳市生活垃圾收运处理现状，实际厨余组约 23% 被分出，按照厨余垃圾进行处理，分别进入中小型就地处理设施和大型集中处理设施，在厨余垃圾处理设施后端，残渣、废水等需要进一步处置，而产生的有机肥、有机酸等产品需要得到利用。可回收物经过分类投放和拾荒者分拣进入集中回收网点，并运送到市外进行回收利用。未分出的厨余组分、可回收物和其他组分进入其他垃圾类别，经过焚烧处理，飞灰、底渣运输至填埋场进行填埋。

　　对深圳市生活垃圾分类前（2019 年）和分类后（2021 年）整个系统流程处理 1 t 生活垃圾的减量化率、稳定化率、物质回收量、能源回收量、温室气体排放量与其他环境影响进行核算，如图 7.34 所示。

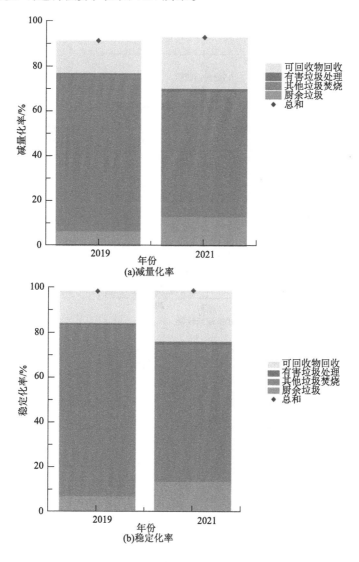

(a)减量化率

(b)稳定化率

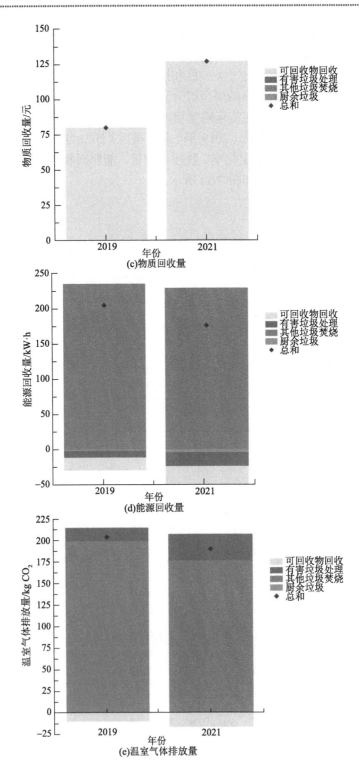

(c)物质回收量

(d)能源回收量

(e)温室气体排放量

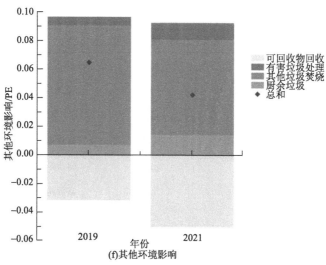

图 7.34　深圳市生活垃圾分类前后处理综合环境绩效对比

PE 为人均当量

对垃圾分类前后深圳市生活垃圾处理处置的 6 个指标进行货币化核算（表7.4），以评估除了建设、运行成本以外的综合环境绩效隐性成本。货币化的计算结果如图 7.35 所示。其中，为避免货币化过程的重复计算，能源回收相关成本不再同时纳入温室气体排放量指标和其他环境影响指标的成本计算。整体上，垃圾分类后，深圳市生活垃圾处理处置的综合绩效优于垃圾分类前，垃圾分类后物质回收量、温室气体排放、其他环境影响 3 个指标明显优于垃圾分类前，而由于垃圾焚烧量减少，能源回收量有所降低。综合环境绩效中，主要正面环境绩效来源于垃圾焚烧过程的发电以及可回收物回收产生的价值。

表 7.4　综合环境绩效货币化值

指标	价格	单位	备注
减量化率	148	元/t 未减量	填埋
稳定化率	67	元/t 未稳定物质	土地利用
物质回收量	—		已在指标中核算
能源回收量	0.642	元/kW·h	工业电价
温室气体排放	0.24	元/kg CO_2	IWG
	10.36	元/PE	臭氧破坏（以四氯化碳计）
其他环境影响	60.92	元/PE	人体毒性（致癌）（以砷计）
	21.85	元/PE	人体毒性（非致癌）（以砷计）

续表

指标	价格	单位	备注
	8.28	元/PE	颗粒物
	467.16	元/PE	光化学烟雾（以氮氧化物计）
	697.05	元/PE	酸化（以二氧化硫计）
其他环境影响	295.75	元/PE	富营养化（海水）（以氨氮计）
	25.9	元/PE	富营养化（淡水）（以总磷计）
	3080	元/PE	富营养化（陆域）（以氨氮计）
	7317.79	元/PE	生态毒性（淡水）（以铬计）

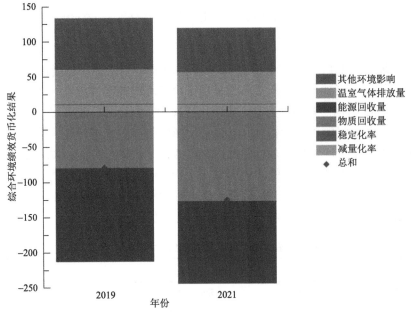

图 7.35　深圳市垃圾分类前后综合环境绩效货币化结果

7.4.3　深圳市厨余垃圾分出比例变化的综合绩效评估

深圳市 2021 年厨余垃圾分出比例在 24.71%，本节将探讨如果改变厨余垃圾分出比例，将对深圳市生活垃圾处理处置的综合绩效产生什么样的影响。

初始情景 S1：现状场景，厨余垃圾分出比例为 25%，大型设施处理 83%厨余垃圾，其余通过中小型就地设施处理。

对比情景 S2：不进行垃圾分类，厨余垃圾分出比例为 0%。

对比情景 S3、S4：提升厨余垃圾分出比例，厨余垃圾分出比例分别为 40%、60%，中小型设施处理量提升至 30%。

根据 2021 年生活垃圾作为厨余垃圾分出率为 25% 的基准数据，对 4 种情景的生活垃圾及厨余垃圾性质进行计算，结果如表 7.5 所示。

表 7.5　厨余垃圾分出比例变化情景

情景	厨余垃圾比例/%	其他垃圾比例/%	其他垃圾含水率/%	其他垃圾热值/(kJ/kg)
厨余垃圾分出 25%	13.2	86.8	50.85	11123.4
厨余垃圾不分出	0	100	57	9935.7
厨余垃圾分出 40%	21.11	78.89	47	12026.7
厨余垃圾分出 60%	31.67	68.33	42	13556.7

将 4 个情景的各项指标进行核算与货币化，最终 4 个情景的综合环境绩效货币化结果如图 7.36 所示，可以看到分出比例为 25% 时即现状情景时，综合绩效最好，这也意味着 25% 的厨余垃圾分出比例是比较理想的比例。对于减量化率、稳定化率和物质回收量指标来说，4 个情景差异不大。对于能源回收量指标，由于

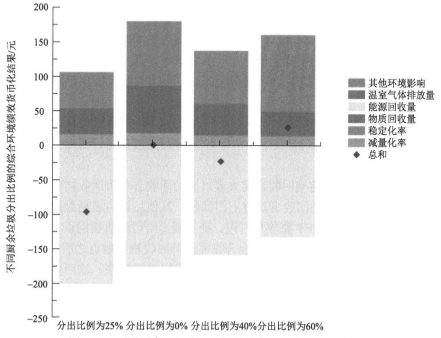

图 7.36　不同厨余垃圾分出比例的综合环境绩效货币化结果

决定环节是其他垃圾的焚烧，而厨余垃圾分出比例提高时，既使热值上升，发电量增加，又使焚烧量减少，最终结果将呈现一个曲线形，而 25% 的厨余垃圾分出比例恰好处于峰值处。对于温室气体排放量指标来说，整体而言厨余垃圾分出比例的提升相对于不进行垃圾分类的情景，所排放的温室气体更少，但情景 S1、S3、S4 之间差别不大，波动主要来源于一些处理方式比例的变化。对于其他环境影响指标来说，一方面厨余垃圾分出比例提升之后，中小型设施比例上升，导致了负面的环境影响，另一方面焚烧和生物处理比例变化，最终导致厨余垃圾分出比例较高时环境影响反而劣于 25% 分出比例。综上，目前深圳市厨余垃圾分出比例较为合适，可以实现较好的综合环境绩效。

7.4.4 深圳市可回收物应用押金制的综合绩效评估

生产者责任延伸制度（extended producer responsibility system，EPR）最早由瑞典经济学家 Thomas 提出，其最初的含义是产品的制造者应该对产品的整个生命周期负责，尤其是产品废弃后的回收利用和最终处置环节，以此达到降低产品环境影响的目的。

押金制通常可认为是 EPR 的一种扩展，通过对消费者施加一定程度的强制性经济压力，倒逼可回收物进入正规再利用渠道。目前，很多国家已经形成了较为完善的押金制回收制度体系，我国还没有建立押金制回收制度，环境法的理论研究中也较少涉及。但我国多部法律法规都对固体废物的减量化资源化以及责任主体进行了明确。在垃圾分类和"碳中和"的背景下，押金制是高质量回收包括聚对苯二甲酸乙二醇酯（PET）饮料瓶在内的部分可回收物及实现循环经济的重要手段之一。

2021 年我国废弃 PET 瓶回收量 400 万 t，占废塑料回收量的 21%，深圳市 2021 年可回收物回收量 398 万 t，其中经估算有 31.6 万 t 废塑料，可以估算得出其中 PET 瓶 6.6 万 t。

在我国，PET 瓶的前端回收目前大多以流动回收者和可回收物集中投放两种方式主导。前者是指流动回收者通过上门回收、其他垃圾垃圾桶翻捡、可回收物投放点拾取等方式，将 PET 瓶收集打包，统一贩卖给可回收物网点；后者则是指居民将 PET 瓶和其他可回收物一起混合投放至可回收物投放点之后，由市政环卫网络进行统一收运，再由可回收物网点接收并进行分类清洗。这两种回收方式都意味着混合回收，即食品类 PET 瓶与其他种类塑料等可回收物混合放置，在中端可回收物网点再进行分拣。混合收运意味着食品类 PET 瓶受到污染的可能性大大增加，同时各类杂质的混入使得清洗成本增加，最终这类食品级 PET 瓶只能被降级回收，用于制造纺织纤维等低附加值产品。

　　押金制的引入将使得食品级 PET 瓶可以得到专门、清洁的回收，避免了混合收运带来的污染问题，减少了清洗成本，使得食品级 PET 瓶可以得到平级利用，回收循环使其成为新的食品级 PET 瓶，降低了对环境造成的污染负荷。

　　本节研究的功能单位为 1 kg PET 饮料瓶。需要指出的是，研究涉及的 PET 饮料瓶为进入分类回收系统的典型饮料瓶，即含有一定量杂质，但不含大量未饮用内容物的可回收物 PET 瓶。

　　根据押金制回收机引入与否以及各类回收方式占比选取五类研究场景：①PET 瓶总分出率90%，其中流动回收者回收70%，环卫系统可回收物投放点回收20%；②PET 瓶总分出率90%，其中流动回收者回收20%，环卫系统可回收物投放点回收70%；③引入押金制，押金制驱动下回收率上升，PET 瓶总分出率95%，其中流动回收者回收15%，环卫系统可回收物投放点回收20%，押金制回收机回收60%；④押金制回收占比进一步上升，流动回收者从回收前端消失，PET 瓶总分出率95%，环卫系统可回收物投放点回收20%，押金制回收机回收75%；⑤全部的 PET 瓶通过押金制回收机得到回收，总分出率98%。

　　用于综合绩效评估指标体系的流程边界如图 7.37 所示。

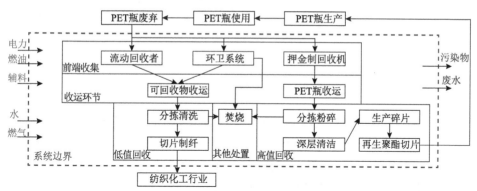

图 7.37　用于综合绩效评估指标体系的流程边界

　　采用综合绩效评估指标体系对 5 个场景的环境绩效进行评估。5 个场景中减量化主要来源是 PET 的回收利用，主要未减量化部分来源于杂质与边角料焚烧过程产生的飞灰与底渣。对于物质回收量指标，由于后 3 个场景存在高值回收，即 PET 生产的聚酯切片为食品级，而前两个场景的低值回收中 PET 均用于纺织原料，因此后 3 个场景的物质回收量较高。对于能源回收量指标，押金制促进分类，导致焚烧的 PET 瓶减少，因此能源回收量有所减少。对于温室气体排放量指标，虽然整体上 PET 瓶的回收可以实现减排，但引入押金制与高值回收可以让温室气体排放量减少得更多。对 5 个场景中的 6 个指标进行货币化核算，以评估除了建设、运行成本以外的环境治理技术隐性成本，货币化的计算结果如图 7.38 所示。实施押金制的场景三~场景五在综合绩效表现显著优于没有引入押金制的场景一和场景二，主要优势来源于 PET 的高值回收和回收过程减少的环境污染排放。

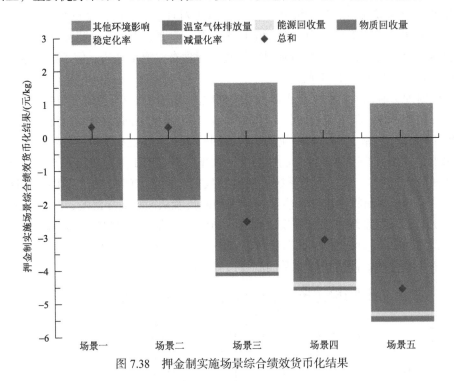

图 7.38 押金制实施场景综合绩效货币化结果

如果深圳市全面推行 PET 瓶的押金制回收（场景五），将物质回收量所计算的成本视为显性成本，仅计算减量化率、稳定化率、能源回收量、温室气体排放量和其他环境影响，并将其作为隐性成本，则深圳市每年利用押金制进行 6.6 万 t PET 瓶回收将实现隐性成本 9900 万元的削减。

第8章

超大城市垃圾分类处理技术与管理体系总结及展望

垃圾分类对于推动生态文明建设、提升社会文明程度、创新基层社会治理都有着重要意义。"推行垃圾分类，关键是要加强科学管理，形成长效机制，推动习惯养成"，已成为我国系统深入推行垃圾分类的根本遵循，其中"科学管理"是基础，"长效机制"是路径，"习惯养成"是目标。面向国家和地方垃圾分类不同发展阶段主要矛盾与重大需求的科技支撑既是"科学管理"的要求，又是"科学管理"的标志。

北京、上海、广州、深圳等超大城市经济发达、人口密集、土地稀缺，垃圾分类开展的设施、管理、社会、经济、文化等基础较好，较早实现垃圾分类从起步阶段到发展阶段的过渡，率先迈上"提质增效"的台阶。超大城市垃圾分类从"有没有"走向"好不好"，从"量变"走向"质变"，对科技支撑下精细化、系统化、定量化、智慧化的科学管理的需求更为迫切，同时科技支撑撬动垃圾分类"提质增效"的边际效应也更加显著。

8.1 超大城市垃圾分类处理技术与管理体系总结

深圳市作为中国特色社会主义先行示范区、可持续发展议程创新示范区，以及国家生活垃圾分类重点城市和首批"无废城市"建设试点，有责任探索构建先进、适用的生活垃圾分类管理体系，为其他城市提供先行示范。项目紧密结合深圳市在中国特色社会主义建设及可持续发展中的特殊功能定位，面向深圳市生活垃圾分类处理系统升级重构的重大需求，以"精准分类、全程减量、梯级利用、高效处理、智慧监管"为主线，突破全链条减量分类、园区化循环利用、污染物超低排放、全过程智慧管控等关键技术与核心装备，推动深圳市建成以选择性精准分类为基础，以校园/社区发动志愿服务为特色，以厨余垃圾适度分类为系统优化节点，以可回收物规范管理为迭代升级方向，以清洁焚烧发电为核心依托，以多层级全过程智慧监管平台为保障的生活垃圾分类处理系统，形成适应城市精细化管理、环境高品质保护、经济高质量发展要求的生活垃圾分类深圳模式，为我国超大、特大城市普遍推行垃圾分类制度提供可借鉴、可推广的综合性解决方案，对我国生活垃圾分类工作稳步推进产生了积极的辐射带动作用。超大城市生活垃圾分类技术与管理模式具有如下主要特征。

（1）生活垃圾选择性精准分类

在深圳市 10 个区开展了覆盖各类场所的垃圾产生规律的深度调研，解析了生活垃圾时空分布规律和物质流向，量化了不同分类模式的经济与环境效益，提出了适于深圳市的选择性精准分类方案。在此基础上，完成了深圳市垃圾分类先行示范区工作方案，提出了垃圾分类的具体管理策略，撰写了《生活垃圾分类模式全成本分析》《碳中和背景下生活垃圾分类管理策略研究报告》《生活垃圾按量计费模式》《生活源再生资源回收利用现状及潜力调研报告》等专项报告，厘清了生活垃圾分类工作中的疑点、难点。上述成果已融入《深圳市生活垃圾分类管理条例》《深圳市 12 类场所的生活垃圾分类工作指引》等政策法规中。在此基础上，在深圳市开展了生活垃圾源头分类质量提升与保障工程示范工作，打造了一批基于人工智能、物联网、大数据的先进垃圾分类示范点，建设了国内首套完整的低值可回收物牛奶盒回收体系，覆盖全市 1613 所学校，累计回收 1100 多万个牛奶盒；提出了"志愿先行、校园发动"的引导公众参与垃圾分类的策略，与深圳市城市管理和综合执法局、教育局和公益组织合作，参与打造了具有"名片"效应的深圳市垃圾分类公众教育"蒲公英计划"，受到了住房和城乡建设部的肯定并向全国推广。

（2）有机固废园区化循环利用

针对垃圾分类工作中厨余垃圾处理这一难点问题，开发了"有机垃圾分质分相高效协同厌氧消化技术"，应用于深圳市最大的厨余垃圾资源化处理项目，大幅提升了设施稳定性和有机质利用率，年处理规模达到 800 t，减排二氧化碳超过 12 万 t，为我国厨余垃圾的高效资源化利用提供了新路径。针对深圳市以环境园为支撑的生活垃圾处理设施体系，以"协同处理、扩能增效、物能循环"为基本思路，对深圳市最大的有机垃圾处理园区——郁南环境园进行了园区循环化改造。首先通过厨余垃圾与污泥协同厌氧消化，将消化周期从 30 天缩短到 20 天左右，减少了设施的占地面积；其次建立沼气产热发电的内循环系统和沼渣、粪渣的协同堆肥处理系统，打通了园区水—能—废的循环链路，提高了郁南环境园的综合效益和运营的稳定性，环境负担降低 70% 以上。项目形成的园区循环化改造方案可以为全国类似环境园区的改造提供样板。

（3）垃圾焚烧二噁英超低排放

焚烧发电厂已成为我国城市生活垃圾分类处理必不可少的核心设施。焚烧发电设施二噁英排放与飞灰处置是社会各界高度关注的问题，也是垃圾处理"邻避效应"的主要症结所在。针对上述制约焚烧发电健康稳定发展的核心问题，突破了焚烧二噁英高温取样难题，开展了现代化大型垃圾焚烧系统二噁英产生及沿程分布规律研究，阐明了燃烧控制及烟气净化系统各环节对二噁英的去除效果，在集成优化基础上开发了"生活垃圾焚烧效能提升及污染物控制关键技术"，烟气二噁英最终排放水平为 0.0064 ng I-TEQ/Nm^3，总去除率高达 98.95%，二噁英排放水平远低于深圳超低排放标准要求（0.05 ng I-TEQ/m^3），达到了国际先进水平。针对垃圾焚烧飞灰，开发了高温熔融无害化、强效螯合稳定化和同步重金属固定和二噁英分解的纳米 n-Al/CaO 处理技术。在技术突破的基础上，通过实施清洁焚烧，促进资源共享，开展公众服务，构建了"城市生活垃圾清洁焚烧与睦邻共生的整体解决方案"，克服了邻避效应问题，保障了生活垃圾分类处理体系的健康运行，案例入选国家发展和改革委员会全国推广借鉴深圳特区创新举措及经验做法。

（4）多层级全链条智慧监管

系统梳理超大城市生活垃圾分类处理系统精细化管理业务需求，集成物联网、大数据、人工智能等新一代信息化技术，支撑业务主管单位建立了生活垃圾全链条智慧化分类管理体系，打通了市—区—街道多层级管理部门以及商务、教育、生态环境、义工联等多职能部门的垃圾分类管理数据链条，实现了垃圾分类数据统一和标准化管理。针对投放主体发动困难、严重依赖人力督导、基础数据缺失等问题，建立了覆盖全市 20000 多个集中投放点的数据标准化收集系统，实现了垃圾投放源头基础数据的标准化智慧化采集，同时构建投放点动态成效评估模型，对居民行为、场所情况、监督效果等五大项 59 细项内容进行综合评估，实现了投放点分类情况跟踪评价以及督导方式智慧选择。针对垃圾细分品类多、收运渠道复杂等问题，开发生活垃圾分类收运智慧感知系统，实现了全市 3000 多辆各品类垃圾收运车辆的智慧调度和智能监管。针对多种处理设施并存、技术水平硬件基础不一等问题，构建全市统一的处理设施智慧管控系统，建立了统一的信息数据管理平台和智能化数据获取及传输体系，实现了垃圾处理设施的优化调配、在线监控、安全保障等多维度管控功能。针对可回收物底数不清、来源去向不明、管理水平相对落后、严重制约"两网融合"推进等问题，利用物联网和 SAAS 服务平台，依靠各类设备集成，实现了再生资源系统回收站点原有计量系统计量数据的智能采集及传输，破除了"两网融合"的数据壁垒。为满足深圳市"志愿先行、校园发动、全民参与"的垃圾分类治理模式，构建了智慧公众平台，集成公众参与端口，将志愿督导、社会监督员、公众随手拍、蒲公英讲师、校园分类、入户宣传等公众参与方式集合到统一平台，大幅提升公众参与水平。

（5）综合绩效最优的科学管理

为了全面表征生活垃圾处理全流程的综合绩效，建立了涵盖减量化、稳定化、物质回收量、能源回收量、温室气体排放与环境影响评价六项指标的综合绩效指标体系，核算不同生活垃圾分类处理技术路线的环境绩效，进而采用货币化方法将各项指标的影响换算为货币价值，得到综合隐性成本。评估结果表明，深圳市厨余垃圾处理设施中，大型厌氧消化、水解酸化制碳源设施的综合环境绩效较好，而中小型就地好氧发酵或烘干设施的环境绩效较差。各品类生活垃圾处理中，强化可回收物规范回收的综合环境绩效最为显著。以不同厨余垃圾分出率为变量评估深圳市生活分类处理系统的综合环境绩效，发现 20%～25%厨余分出率下综合环境绩效可达最优，不进行厨余垃圾分类，或者厨余垃圾分出率超过 25%，垃圾分类系统的综合环境绩效均会出现下降，因此深圳市厨余垃圾分出率不宜超过25%。与混合垃圾全量焚烧相比，推行生活垃圾分类后，深圳市生活垃圾处理系统物质回收量提升了 59.2%，能源回收量降低了 14.1%，温室气体排放下降了12.4%，其他环境影响的人均当量（PE）总值降低了 35.0%。根据各项指标的货币化结果，以大型焚烧发电为核心的深圳市生活垃圾处理系统较为先进，其综合环境绩效的隐性成本为-79.45 元/t，已经呈现出正面的经济效益；按照本项目的优化方案推行生活垃圾分类后，生活垃圾处理系统的隐性成本进一步大幅降低到-125.74 元/t。即生活垃圾分类推行初期，全流程处理成本将有所上升；但如果将隐性成本考虑在内，推行生活垃圾分类仍具有正面的经济效益。特殊品类可回收物生产者责任延伸制度的推行将进一步提升生活垃圾分类的综合绩效，如深圳市采用押金制开展 PET 瓶的高质量回收，垃圾处理系统的隐性成本将降低9900 万元。上述货币化评估结果清晰表明，推行垃圾分类并在科学管理基础上实现提质增效，可创造突出的环境经济效益，生动诠释了"绿水青山就是金山银山"。

（6）辐射带动与先行示范

在深入研究和长期实践中，与深圳市生活垃圾分类主管部门深度合作，凝练提出了深圳市超大城市生活垃圾分类先行示范模式，其基本特征为：以选择性精准分类为基础，以校园发动志愿服务为特色，以厨余垃圾适度分类为系统优化节点，以可回收物规范管理为迭代升级方向，以清洁高效焚烧发电为核心依托，以全过程智慧监管平台为保障。这一模式已全面落地深圳，深圳市生活垃圾分类处理取得突出成效，其整体水平的回收利用率和资源化利用率均较项目实施前有明显提升。目前，深圳市生活垃圾分类回收利用率达到49%，居于国内领先和国际先进水平；环境负荷大幅下降，有效提升了人民群众的幸福感和获得感。

深圳市生活垃圾分类处理整体解决方案和我国特大城市生活垃圾分类处理长效机制政策建议等报告，通过媒体传播、论文发表、专题培训、论坛报告、科普宣教等方式，引导各个城市加强科学管理、因地制宜稳妥有序推进垃圾分类工作，在我国生活垃圾分类制度实施中发挥了一定的守正、创新、纠偏作用，对我国超大、特大城市的生活垃圾分类产生了积极的辐射带动和先行示范影响。

8.2　超大城市垃圾分类处理技术与管理体系展望

在促进人与自然和谐共生成为中国式现代化的本质要求、减污降碳协同增效成为促进经济社会发展全面绿色转型总抓手的新形势下，超大城市垃圾分类面临着提质增效的紧迫任务，必须对标东京、柏林、伦敦、巴黎等国际化大都市垃圾分类先进水平，进一步强化科技支撑，持续精准发力，在科学管理的基础上进一步巩固和提升生活垃圾分类体系建设成效，真正形成垃圾分类长效机制，切实推动居民分类减量习惯养成，提升社会文明和生态文明水平。面向中国式现代化的超大城市垃圾分类技术与管理体系升级重点可从以下方面发力。

1）进一步完善生活垃圾智慧监管平台功能与数据共享交汇机制，实现垃圾分类监管平台与环卫设施监管平台的数据互联互通，全面打通社区—街道—区—市多层级管理部门以及商务、环境、教育等相关职能部门垃圾分类管理相关数据链条，形成垃圾分类管理"一张网"，进一步提升垃圾分类精细化、智慧化管理水平。

2）面向超大城市碳达峰碳中和目标，推动居民生活垃圾源头减量和分类投放的碳普惠核算与认证，建立生活垃圾分类减污降碳协同增效标准化评估方法，以及"绿水青山就是金山银山"的生态环保价值转化核算方法体系，持续引领垃圾分类处理系统优化升级发展方向。

3）以可回收物规范回收体系建设为重点，切实推动垃圾分类收运与再生资源回收"两网融合"，补齐我国超大城市与发达国家先进城市之间在垃圾分类系统上存在的最为突出的短板。积极探索在塑料瓶、玻璃瓶、轻质包装、快递包装等可回收物回收中落实固废法确立的生产者责任延伸制度及押金回收制度，引导城市出台低值可回收物回收支持政策并建设规模适宜的集中式现代化分拣中心，促进可回收物回收系统转型升级与良性发展，促进回收行业提高技术与管理水平，实现可回收物回收的功能定位从"废品回收"到"环境服务"的跃迁和转型。

4）建立厨余垃圾管理层次框架与行动指南，着力推动食品供应链废物预防减量、大型商超与连锁餐饮企业余量食物捐赠、品质可控厨余垃圾的饲料化利用，积极推动厨余垃圾短程快速大规模处理技术的标准化与工程化应用，如水解酸化制备碳源应用于污水生化处理，开发沼气化学链制氢或催化重整制氢技术与装备，构建有机固废或沼渣生化或热化学稳定化-安全土地利用储碳产业共生模式，实现城市有机固废的全链条生态循环利用。

5）应对国际国内塑料垃圾管理及微塑料等新污染物治理焦点问题，系统开展超大城市塑料垃圾管理及微塑料污染状况调研，结合超大城市垃圾分类、"无废城市"建设、塑料污染治理等目标，提出塑料垃圾回收利用以及微塑料等新污染控制技术路径与管理策略，开展典型塑料垃圾物理回收及化学回收的技术验证与工程示范。

6）在借鉴国内外先进经验的基础上，研究不同收费方式的可行性与有效性，加快出台和实施非居民厨余垃圾与其他垃圾收费制度，在快速发展的物联网、人工智能技术支撑下逐步实行非居民和居民生活垃圾计量收费制度，发挥经济杠杆的调节和引导作用，进一步强化居民垃圾分类意识提升和责任落实，促进居民减量分类习惯养成，同时降低政府财政负担。

7）调研超大城市固体废物园区集约化处理的发展现状，总结固废环境园区或循环经济产业园区循环化改造的经验，对各个固废环境园区或循环经济产业园区开展系统全面的诊断评估，充分挖掘已有设施处理潜能，提升处理效能，进一步强化和发挥各个环境园区在废物协同、物能循环、设施共享、污染减排方面的优势。

8）以集约化、高效能、低风险为目标，逐步推动超大城市市政污泥、医疗废物、可燃工业固废等在生活垃圾焚烧设施的协同焚烧处理，同时积极开发高参数焚烧发电及热电联产、垃圾焚烧烟气碳捕集、垃圾衍生燃料规模化绿氢生产等技术与装备，开展工业化试验和工程示范。

9）针对超大城市生活垃圾产生量大、处理系统以焚烧发电为主状况下大量产生且富集重金属与二噁英类污染物的生活垃圾焚烧飞灰，结合超大城市自然社会经济条件，以跨介质环境污染控制和全过程环境健康风险防控为目标，开展分质资源化、安全稳定化创新技术的工业化试验与工程示范，实现垃圾焚烧飞灰的低碳、低风险、长效安全处理。

10）针对存量生活垃圾填埋场、建筑垃圾堆放场等存在的环境与安全隐患，在诊断评估的基础上，提出系统治理、资源利用、生态恢复、风险控制与安全保障方案，推动存量生活垃圾卫生填埋场、建筑垃圾堆放场等的有序、安全、高质量再生利用。